中国中药资源大典
——中药材系列

中药材生产加工适宜技术丛书
中药材产业扶贫计划

泽泻生产加工适宜技术

总 主 编　黄璐琦

主　　编　范世明

副 主 编　陈铁柱

U0297437

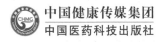

中国健康传媒集团
中国医药科技出版社

内容提要

《中药材生产加工适宜技术丛书》以全国第四次中药资源普查工作为抓手，系统整理我国中药材栽培加工的传统及特色技术，旨在科学指导、普及中药材种植及产地加工，规范中药材种植产业。本书为泽泻生产加工适宜技术，包括：概述、泽泻药用资源、泽泻种植技术、泽泻特色适宜技术、泽泻药材质量评价、泽泻现代研究与应用、泽泻加工与开发等内容。本书适合中药种植户及中药材生产加工企业参考使用。

图书在版编目（CIP）数据

泽泻生产加工适宜技术 / 范世明主编 . — 北京：中国医药科技出版社，2018.7

（中国中药资源大典 . 中药材系列 . 中药材生产加工适宜技术丛书）

ISBN 978-7-5067-9902-7

Ⅰ . ①泽…　Ⅱ . ①范…　Ⅲ . ①泽泻—栽培技术 ②泽泻—中草药加工　Ⅳ . ① S567.5

中国版本图书馆 CIP 数据核字（2018）第 013709 号

美术编辑　陈君杞
版式设计　锋尚设计

出版　**中国健康传媒集团** ｜ 中国医药科技出版社
地址　北京市海淀区文慧园北路甲 22 号
邮编　100082
电话　发行：010-62227427　邮购：010-62236938
网址　www.cmstp.com
规格　710×1000mm　$^1/_{16}$
印张　6 $^1/_4$
字数　54 千字
版次　2018 年 7 月第 1 版
印次　2018 年 7 月第 1 次印刷
印刷　北京盛通印刷股份有限公司
经销　全国各地新华书店
书号　ISBN 978-7-5067-9902-7
定价　28.00 元

中药材生产加工适宜技术丛书
—— 编委会 ——

总 主 编 黄璐琦

副 主 编 （按姓氏笔画排序）

王晓琴	王惠珍	韦荣昌	韦树根	左应梅	叩根来
白吉庆	吕惠珍	朱田田	乔永刚	刘根喜	闫敬来
江维克	李石清	李青苗	李旻辉	李晓琳	杨 野
杨天梅	杨太新	杨绍兵	杨美权	杨维泽	肖承鸿
吴 萍	张 美	张 强	张水寒	张亚玉	张金渝
张春红	张春椿	陈乃富	陈铁柱	陈清平	陈随清
范世明	范慧艳	周 涛	郑玉光	赵云生	赵军宁
胡 平	胡本祥	俞 冰	袁 强	晋 玲	贾守宁
夏燕莉	郭兰萍	郭俊霞	葛淑俊	温春秀	谢晓亮
蔡子平	滕训辉	瞿显友			

编　　委 （按姓氏笔画排序）

王利丽	付金娥	刘大会	刘灵娣	刘峰华	刘爱朋
许 亮	严 辉	苏秀红	杜 弢	李 锋	李万明
李军茹	李效贤	李隆云	杨 光	杨晶凡	汪 娟
张 娜	张 婷	张小波	张水利	张顺捷	林树坤
周先建	赵 峰	胡忠庆	钟 灿	黄雪彦	彭 励
韩邦兴	程 蒙	谢 景	谢小龙	雷振宏	

学术秘书 程 蒙

本书编委会

主　　编　范世明

副 主 编　陈铁柱

编写人员　（按姓氏笔画排序）

许　文（福建中医药大学药学院）

陈铁柱（四川省中医药科学院）

陈瑞云（福建省中药材产业协会）

范世明（福建中医药大学药学院）

饶溶晖（福建省南平市农业科学研究所）

序

　　我国是最早开始药用植物人工栽培的国家，中药材使用栽培历史悠久。目前，中药材生产技术较为成熟的品种有200余种。我国劳动人民在长期实践中积累了丰富的中药种植管理经验，形成了一系列实用、有特色的栽培加工方法。这些源于民间、简单实用的中药材生产加工适宜技术，被药农广泛接受。这些技术多为实践中的有效经验，经过长期实践，兼具经济性和可操作性，也带有鲜明的地方特色，是中药资源发展的宝贵财富和有力支撑。

　　基层中药材生产加工适宜技术也存在技术水平、操作规范、生产效果参差不齐问题，研究基础也较薄弱；受限于信息渠道相对闭塞，技术交流和推广不广泛，效率和效益也不很高。这些问题导致许多中药材生产加工技术只在较小范围内使用，不利于价值发挥，也不利于技术提升。因此，中药材生产加工适宜技术的收集、汇总工作显得更加重要，并且需要搭建沟通、传播平台，引入科研力量，结合现代科学技术手段，开展适宜技术研究论证与开发升级，在此基础上进行推广，使其优势技术得到充分的发挥与应用。

　　《中药材生产加工适宜技术》系列丛书正是在这样的背景下组织编撰的。该书以我院中药资源中心专家为主体，他们以中药资源动态监测信息和技术服

务体系的工作为基础，编写整理了百余种常用大宗中药材的生产加工适宜技

术。全书从中药材的种植、采收、加工等方面进行介绍，指导中药材生产，旨

在促进中药资源的可持续发展，提高中药资源利用效率，保护生物多样性和生

态环境，推进生态文明建设。

　　丛书的出版有利于促进中药种植技术的提升，对改善中药材的生产方式，

促进中药资源产业发展，促进中药材规范化种植，提升中药材质量具有指导意

义。本书适合中药栽培专业学生及基层药农阅读，也希望编写组广泛听取吸纳

药农宝贵经验，不断丰富技术内容。

　　书将付梓，先睹为悦，谨以上言，以斯充序。

中国中医科学院　院长

中 国 工 程 院 院 士　　张伯礼

丁酉秋于东直门

总 前 言

中药材是中医药事业传承和发展的物质基础，是关系国计民生的战略性资源。中药材保护和发展得到了党中央、国务院的高度重视，一系列促进中药材发展的法律规划的颁布，如《中华人民共和国中医药法》的颁布，为野生资源保护和中药材规范化种植养殖提供了法律依据；《中医药发展战略规划纲要（2016—2030年）》提出推进"中药材规范化种植养殖"战略布局；《中药材保护和发展规划（2015—2020年）》对我国中药材资源保护和中药材产业发展进行了全面部署。

中药材生产和加工是中药产业发展的"第一关"，对保证中药供给和质量安全起着最为关键的作用。影响中药材质量的问题也最为复杂，存在种源、环境因子、种植技术、加工工艺等多个环节影响，是我国中医药管理的重点和难点。多数中药材规模化种植历史不超过30年，所积累的生产经验和研究资料严重不足。中药材科学种植还需要大量的研究和长期的实践。

中药材质量上存在特殊性，不能单纯考虑产量问题，不能简单复制农业经验。中药材生产必须强调道地药材，需要优良的品种遗传，特定的生态环境条件和适宜的栽培加工技术。为了推动中药材生产现代化，我与我的团队承担了

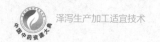

农业部现代农业产业技术体系"中药材产业技术体系"建设任务。结合国家中医药管理局建立的全国中药资源动态监测体系，致力于收集、整理中药材生产加工适宜技术。这些适宜技术限于信息沟通渠道闭塞，并未能得到很好的推广和应用。

本丛书在第四次全国中药资源普查试点工作的基础下，历时三年，从药用资源分布、栽培技术、特色适宜技术、药材质量、现代应用与研究五个方面系统收集、整理了近百个品种全国范围内二十年来的生产加工适宜技术。这些适宜技术多源于基层，简单实用、被老百姓广泛接受，且经过长期实践、能够充分利用土地或其他资源。一些适宜技术尤其适用于经济欠发达的偏远地区和生态脆弱区的中药材栽培，这些地方农民收入来源较少，适宜技术推广有助于该地区实现精准扶贫。一些适宜技术提供了中药材生产的机械化解决方案，或者解决珍稀濒危资源繁育问题，为中药资源绿色可持续发展提供技术支持。

本套丛书以品种分册，参与编写的作者均为第四次全国中药资源普查中各省中药原料质量监测和技术服务中心的主任或一线专家、具有丰富种植经验的中药农业专家。在编写过程中，专家们查阅大量文献资料结合普查及自身经验，几经会议讨论，数易其稿。书稿完成后，我们又组织药用植物专家、农学家对书中所涉及植物分类检索表、农业病虫害及用药等内容进行审核确定，最终形成《中药材生产加工适宜技术》系列丛书。

在此，感谢各承担单位和审稿专家严谨、认真的工作，使得本套丛书最终付梓。希望本套丛书的出版，能对正在进行中药农业生产的地区及从业人员，有一些切实的参考价值；对规范和建立统一的中药材种植、采收、加工及检验的质量标准有一点实际的推动。

2017年11月24日

前　言

泽泻是一味久负盛名的大宗中药。早在《神农本草经》中就对其药性、功用有过记载。泽泻具有渗湿、利水、泄热作用，广泛应用于中医临床，是著名方剂"六味地黄丸""五苓散"等的配伍药材。现代应用于高脂血症、高血压、糖尿病的治疗；此外，近年来的药理研究表明其具有一定的抗肿瘤作用，是有待深入研究与开发的中药品种。

泽泻是福建著名的道地药材，来源于泽泻科植物泽泻*Alisma orientale*（Sam.）Juzep. 的栽培品。主产于福建的闽北，江西的广昌，四川的彭山一带。虽然市场需求量大，但目前栽培较为零散，缺乏规模化和集约化，在栽培技术方面，多为农户自行摸索，有各自的一些经验和方法。故需要规范化的栽培技术，才能长期保质保量提供合格的药材，以满足临床或医药生产企业的需求。

鉴于此，本书的笔者汇集了有关泽泻生产的适宜性关键技术、历代论述及现代国内外研究进展，并结合各自参与泽泻的科研工作的体会和经验，编著了本书，期望更多的人了解泽泻，使泽泻造福更多的百姓，并为保护和发展福建等地的道地药材、种质资源，研究泽泻提供尽可能详尽的信息、新方法与新思路。

作者在2001—2004年期间，参与了福建省科技厅重大项目"福建地道药材

建泽泻GAP关键技术研究";在编写本书过程中,又适逢承担第四次全国中药资源普查——光泽(试点县)的普查工作,有幸全方位了解和掌握建泽泻生产和加工过程中的经验。因此,将此经验加以总结汇集成册。

全书分为七章,对泽泻的药用资源、种植技术、特色适宜技术、药材质量评价、现代研究与应用、加工与开发等内容进行论述,力求为读者提供有关泽泻的较全面资料与信息,特别是满足广大农民朋友以及泽泻种植户的需求。在本书的编写过程中,得到了福建中医药大学、福建省中药材产业协会、福建省农科院等单位和同行们的关心与支持,参阅和吸收了同行过去以及最近发表的论文、论著、新技术与新成果。在此,表示衷心的感谢。

由于水平有限,书中难免存在不足和疏漏之处,敬请广大读者不吝赐教与指正,以便修正提高。

编者

2018年6月

目　录

第1章

概　述

中药材作为中国独特的卫生、经济、科技、文化和生态资源，在我国经济社会发展中发挥着重要作用。党中央和国务院非常重视保护和利用中药材资源，构建相关流通和服务体系，促进中药材产业的健康成长。2016年国务院印发《中医药发展战略规划纲要（2016—2030年）》，强调推进中药材规范化种植养殖，制定中药材主产区、种植区域规划；制定国家道地药材目录，加强道地药材良种繁育基地和规范化种植养殖基地建设；促进中药材种植养殖业绿色发展，制定中药材种植养殖、采集、储藏等技术标准，加强对中药材种植养殖的科学引导，大力发展中药材种植养殖专业合作社和合作联社，提高规模化和规范化水平；实施贫困地区中药材产业推进行动，引导贫困户以多种方式参与中药材生产，推进精准扶贫。

中药材品质优劣直接决定其疗效的好坏。由于中药材种植缺乏科学的理论指导，药材产地和采收加工的标准研究不够全面等原因，导致中药材无论在品质和产量，还是价格方面的差异性较大。这些情况不仅导致了高品质中药材供不应求的现状，也给以种植中药材为主要经济来源的药农带来关键性的影响。在中药材规范化种植过程中，适宜产地的加工技术是优质中药材形成的重要环节。中药材是中药饮片和中成药的生产原料和发挥医疗作用的间接形式，所以我们必须控制好源头，才能确保用药安全、有效和稳定。

泽泻首载于《神农本草经》，从历代本草可以看出，泽泻的最早产地应该是"汝南"地区，明代以后的福建地方志均有记载建泽泻。"建泽泻"一词最早出现在清·郭柏苍的《闽产录异》，并同时记录福建道地产地为建安瓯宁，即现在的建瓯所在地。直至今天，建泽泻的福建产区依然在建瓯市，"建泽泻"的最优品质是经历了几百年的历史传承，其具有自己悠久的种植及加工方法。泽泻的临床应用首见于《素问·病能论》，到明代，对泽泻的功用有了更深层次的认识，李时珍在《本草纲目》中记载"又名，水泻、鹄泻、及泻、蕍、芒芋、禹孙。用于水湿肿胀，暑天吐泻（头晕，渴饮、小便不利）等症状"。

闽产泽泻的记载，始见于《八闽通志》。泽泻素有"福建道地药材"之称，是一味药用价值高的中药材，其地下块茎、叶皆可入药，尤以地下块茎为佳；其主要功效为利水、渗湿、泄热，用治小便不利、泻痢等，是"六味地黄丸"的主要药材之一。近年来泽泻品种退化严重，种植以散户为主，市场价格波动幅度大，种植成本高，种植户积极性低，田间管理粗放；产地的泽泻种植技术、加工方法仅仅是口耳相传，缺少系统的梳理和记载，未形成规范化的种植、采收和加工方法，这些因素导致泽泻的种植面积和亩产量急剧下降，由历史最高峰的年产量约2500吨降至2015年估算年产量15吨，这已严重影响、制约泽泻优质资源的提升和泽泻产业的发展。因此，对泽泻的生产加工适宜技术进行研究已刻不容缓。

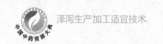

根据《中国药典》2015年版，泽泻来源于泽泻科植物泽泻*Alisma orientale*（Sam.）Juzep.的干燥块茎，是喜光性水生草本植物，适宜生长在日照充足的环境中。根据农民种植户和GAP基地调查，结合科学研究，从保证种质质量出发，控制影响药材生产质量的各种因素，规范药材生产各环节及全过程，追求优质高产且无公害的规范化种植技术。中药泽泻按照产地可分为"建泽泻"和"川泽泻"，泽泻商品规格等级的制定有利于提高泽泻的品质状况，从而利于在市场上进行商品交流。目前，研究者结合具有较为突出优势的现代科学技术，以活性成分的含量、药效等内在品质来评价中药材的质量，完善和发展药材评价体系。近年来对泽泻活性成分的研究显示，泽泻具有十分显著的降血糖、降血脂、降血压、利尿和抗草酸钙结石等作用，引起人们的广泛关注。在中医药发展的形势下，历史悠久、资源丰富、化学成分特点突出的泽泻药材实现中药现代化的发展目标指日可待。

为解决泽泻上述生产方面问题，作者通过大量文献资料的充分考证和产地、市场的全面调研，以传统的泽泻种植、采收和加工方法为依托，以现代化学分析手段为科学指导，一方面从源头上保证泽泻的质量，确保人们用药安全和有效；另一方面将有利于我们继承和推广中药材品质相关的特色种植技术及产地加工技术，积极推进中药材农业的现代化，切实把中医药祖辈们留给我们的宝贵财富继承、发展和利用起来。

　　《泽泻生产加工适宜技术》涵盖泽泻的药用资源、种植技术、特色适宜技术、药材质量评价到现代研究应用和加工开发的资料和信息，语言通俗易懂，章节划分明确，具有很强的应用性，为广大泽泻种植户提供有价值的参考。

第2章

泽泻药用资源

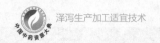

一、形态特征与分类检索

《中国药典》2015年版中泽泻为泽泻科植物泽泻*Alisma orientale*（Sam.）

Juzep.的干燥块茎，但是在栽培品种中有建泽泻和川泽泻之分。两者在植物形

态特征方面有一定的区别。

1. 植物形态特征

建泽泻：多年生水生或沼生草本植物，高80～100cm。块茎卵圆形或

球形，直径可达5cm，外皮褐色，密被多数须根。叶基生；叶柄排列不整

齐。叶柄长10～35cm，基部鞘状；挺水叶片椭圆形、卵圆形或宽卵形，长

3～18cm，宽2～10cm，叶脉5～7条，先端急尖或短尖，基部心形、圆形或

宽楔形，全缘。花茎由叶丛中生出，高15～100cm；花序长达70cm通常有

3～8轮分枝，每轮再分3～9枚，集成大型的轮生状圆锥花序，小花梗不等

长，1～2.5cm伞形排列；总苞片和小苞片3～5，披针形至线形，先端窄长渐

尖；花两性，外轮花被片3，卵形，边缘窄膜质，具5～7脉，长2～3mm，宽

1.5mm；内轮花被3，花瓣状，白色，倒卵形，边缘波状，较外轮花被片大，

易脱落；雄蕊6枚；雌蕊心皮多数，离生，排列不整齐，子房倒卵形，侧扁，

花柱侧生，较子房短或等长，弯曲。花托在果期凹陷。瘦果多数，在果托上

排列不整齐，椭圆形，扁平，长1.5～2mm，宽约1mm，黄褐色花柱宿存。花

果期6～9月（图2-1）。

图2-1　建泽泻

川泽泻：多年生沼泽生草本植物，高90～130cm。块茎卵圆形或球形，直径小于3.5cm，外皮棕褐色，密被多数白色须根。叶基生；叶柄多呈三出状重叠整齐排列，长15～50cm，基部膨大呈鞘状；叶片椭圆形、卵状披针形或卵形，长8～18cm，宽4～9cm，叶脉通常5条，先端锐尖，基部近圆形、宽楔形，稀浅心形，全缘。花茎1～5枚，由叶丛中生出，高75～100cm；花序长达50cm，通常有3～8轮分枝，集成大型的轮生状圆锥花序；总苞片狭三角形，长4～6cm，基部宽5mm，小总苞片3～5，披针形至线形，长1.5～2mm，先端窄长渐尖；花两性，花梗1～3.5cm，外轮花被片3，绿色，萼片状，广卵形，长2.5～3.5mm，宽2～3mm，具有7条脉纹，边缘膜质；内轮花被3，花瓣状，倒卵形，边缘具粗齿；

图2-2 川泽泻

白色，近圆形，长4mm，宽5mm，远较外轮花被片大，先端平截，易脱落；雄蕊6枚；花丝细，长2mm，雌蕊心皮多数，离生，心皮扁圆形，17～23枚，轮状排列整齐，花柱侧生，花托在果期平凸；花梗细，长1.5～2mm。瘦果多数，扁平，排列整齐，椭圆形、矩圆形，长2～2.5mm，宽约2mm，黄褐色。花柱宿存。花果期5～10月（图2-2）。

建泽泻与川泽泻两者的植物形态主要区别见表2-1。

表2-1 建泽泻与川泽泻植物形态的主要区别

建泽泻原植物		川泽泻原植物	
叶柄绝无三出排列		叶柄常整齐重叠呈三出排列	
内轮花被片较外花被片小或等大		内轮花被片远大于外花被片	

续表

建泽泻原植物		川泽泻原植物	
内轮花被片倒卵形，先端微凹		内轮花被片近圆形，先端平截有不规则粗齿	
心皮、瘦果均排列整齐		心皮呈轮状排列，瘦果在花托上排列整齐	

2. 检索表

根据《中国植物志》记载，泽泻属植物为多年生水生或沼生草本。具块茎或无，稀具根状茎。花期前有时具乳汁，或无。叶基生，沉水或挺水，全缘；挺水叶具白色小鳞片，叶脉3～7条，近平行，具横脉。花茎直立，高7～120cm。花序分枝轮生，通常1～2至多轮，每个分枝再作1～3次分枝，组成大型圆锥状复伞形花序，稀呈伞形花序；分枝基部具苞片及小苞片。花两性或单性，辐射对称；花被片6枚，排成2轮，外轮花被片萼片状，边缘膜质，具5～7脉，绿色，宿存，内轮花被片花瓣状，比外轮大1～2倍，花后脱落；雄蕊6枚，着生于内轮花被片基部两侧，花药2室，纵裂，花丝基部宽，向上渐窄，或骤然狭窄；心皮多数，分离，两侧压扁，轮生于花托，排列整齐或否，花柱直立、弯曲或卷曲，

顶生或侧生；花托外凸呈球形、平凸或凹凸。瘦果两侧压扁，腹侧具窄翅或否，背部具1～2条浅沟，或具深沟，两侧果皮草质、纸质或薄膜质。种子直立，深褐色，黑紫色或紫红色，有光泽，马蹄形。全属过去记载9种，现有11种，主要分布于北半球温带和亚热带地区，大洋洲有2种。我国产6种。

1　植株细弱，高6～16cm；叶片薄纸质；花药宽大于长，花柱长0.1～0.2mm ……
………………………………………………… 1.小泽泻*Alisma nanum* D. F. Cui

1　植株粗壮，高常在20m以上；叶片厚纸质；花药长大于宽，花柱长0.4mm以上。

2　挺水叶椭圆形、卵形或浅心形。

3　花柱长0.7～1.5 mm，内轮花被片边缘具粗齿；瘦果排列整齐，果期花托平凸，不呈凹形 …………………… 2.泽泻*Alisma plantago-aquatica* Linn.

3　花柱长约0.5mm，内轮花被片边缘波状；瘦果排列不整齐，果期花托呈凹形 …………………… 3.东方泽泻*Alisma orientale* (Samuel.) Juz.

2　挺水叶全部披针形或宽披针形。

4　果实背部边缘光滑，中部具1条深沟槽，叶片窄披针形，或多少镰状弯曲
………………… 4.窄叶泽泻*Alisma canaliculatum* A. Braun et Bouche.

4　果实背部边缘多少有棱而不光滑，中部具1～2条浅沟，或否；叶片直，从不镰状，宽披针形。

5　瘦果两侧果皮薄膜质，可见种子；花丝基部宽约0.6mm，向上渐窄，花柱近直，从不卷曲 ………… 5.膜果泽泻*Alism alanceolatum* Wither.

5 瘦果两侧果皮纸质或厚纸质；种子不显；花丝基部宽约1mm，向上骤然收缩，

花柱向背卷曲，从不直立 ··························· **6.草泽泻*Alisma gramineum* Lej.**

二、生物学特性

1. 生态习性

泽泻是喜光性水生草
本植物，适宜生长在日照
充足的环境中，植株生长
期间喜温暖气候。幼苗期
喜荫蔽，畏强光直射。移
栽后喜充足阳光，生长期

图2-3　大田泽泻

宜浅水，不耐干旱。土壤以潮湿而富含腐殖质黏土为好，冷水田、砂土、旱地
均不宜栽培。忌连作（图2-3）。

2. 种子萌发特性

泽泻种子成熟期的早与晚及成熟程度对发芽率及植株的生长发育有很大的
影响：过熟的种子，呈褐色或红褐色，发芽率高，但是植株易提早停止发育，
苗株小，产量不高；中熟种子呈黄褐色或金黄色，发芽率高，苗株大，生长发
育旺盛，产量高；过嫩的种子呈黄绿色，发芽率很低，植株生长发育不良，产

量低。泽泻种子寿命短，贮藏1年以上就会丧失活力，贮藏期间不能受冻、暴晒等。此外，果皮含有果胶和半纤维素，使得水分不易透进种子，也是影响种子发芽率的因素之一。

泽泻种子属于子叶出土萌发类型，顶土能力弱，播种深度及播种后覆土对出苗影响较大，种子播后不覆土的播种方式，其发芽率和成活率均高。泽泻种子适宜浸种温度为25～35℃，发芽适温为25～35℃，40℃及以上温度不适宜浸种或发芽。

3. 生长发育特性

泽泻的生长周期150～180天。其中苗期30～40天，成长期和成熟期100～130天。生长时间长，则产量高。但产区的霜期早晚，常影响生长期的长短。因此在霜降期早、气候较寒冷的山区，植株生长期短，块茎和地上部分生长差，产量低，种子易受冻害。若提前播种移栽，又易抽薹开花，商品多花泽泻，质量差，产量又受到影响。因此，选择合适的下种时间，是保证泽泻丰产的关键。

泽泻是水生植物，因此极其怕旱。缺水时，植株常无法生长。整个生长期始终需要浅水灌溉。但水量过大，淹没过深，导致水温偏低，也不利于泽泻的生长。

泽泻是喜阳植物，选地宜选日照充分的地势栽培。光照不足，会造成植株发育不良，生长慢，产量低。但幼苗阶段却怕阳光直射，需要搭荫棚遮阴。

泽泻抽薹开花，将导致块茎养分分流而不足，从而造成减产，品质下降。因此，要及时摘除花薹，确保块茎品质和产量。

三、生长发育规律

1. 野生泽泻

据《中国植物志》记载：泽泻在全国范围分布较广，黑龙江、吉林、辽宁、内蒙古、河北、山西、宁夏、甘肃、青海、新疆、山东、江苏、安徽、浙江、江西、福建、河南、湖北、湖南、广东、广西、四川、贵州、云南等地区均有分布。生于海拔几十米至两千多米的湖泊、水塘、沟渠、沼泽。俄罗斯、蒙古、日本也有分布。但野生泽泻的生长发育规律未见相关文献详细记录。

2. 栽培泽泻

泽泻的生长周期一般在180天左右，而栽培泽泻直至收获一般只有120天左右。在生产实践中，多用种子育苗移栽，其种子又需专门培育。按生产过程分为种子育苗、大田生长和种子培育3个时期。

（1）种子育苗期（幼苗期）　将种子均匀播撒在苗床后，在适宜的气温、水分和光照条件下，两天后就开始发芽。种子萌发时，下胚轴首先伸出种皮外面，当它伸长至3mm时，基部膨大处开始长出一圈根毛，胚也靠这些根毛附着在床土上。下胚轴长5mm时，子叶就伸出土面，长约8mm，此时胚根长约7mm，以后继续向下伸长成为初生根，播种后3~4天，第1~2片真叶相继出土。播种后5~6天，在子叶基部，下胚轴上部开始生出第一条不定根，长1~4mm。播种后8天，幼苗生出第3片真叶，呈倒披针形，长9~10mm，并有5~7条不定根。播种后15天，最大的幼苗已具7片真叶，大部分具有明显的长柄，叶片卵圆形，长13mm，也具明显的长柄，并有不定根15~20条，幼苗期一般为30~50天。出圃时幼苗一般有叶片5枚以上，株高20cm左右。幼苗大小与播种时机有关，播种过早，苗期长，幼苗大，株高高于20cm，这类苗易早抽薹，而且移栽后返青慢；播种过迟、幼苗小，株高小于10cm，移栽后生长缓慢，块茎小，产量低。

（2）大田生长期（成苗期）　将幼苗移栽至大田，至收获前为泽泻大田生长期，一般为120~150天。幼苗于8月移栽于大田，植株返青快，返青后植株生长发育很快，迅速成为壮苗，地下部分逐渐形成小块茎。30天左右植株进入生长发育旺盛期，叶片迅速增大，长达10cm，叶柄增长最快，长达30cm以上；块茎也迅速发育膨大，组织不断充实，这段时期也是块茎生长进入旺盛的时期。9月下旬至10月上旬，植株郁闭封行，植株高可达50cm；块茎生长也达最旺盛期，体积增至最大，并且开始出现抽薹开花，生产上称为早抽薹，它对块茎的发育膨大、组织充实极为不利，因其与块茎生长发育争夺养分。这个时期应注意摘除花茎，才能保证块茎有效膨大，达到优质高产。一般年份在立冬后植株开始出现逐渐枯黄，块茎生长逐渐停止，但是组织仍不断充实。冬至后植株就逐渐枯萎，块茎的发育也开始停止，只有块茎顶端的新叶尚保持绿色，植株进入休眠期，这时块茎成熟，是药用部分采挖时期，也是田间育种进行株选的时期。

（3）花果种子培育期　植株抽薹开花所结种子为早抽薹种子，不能用于生产，不仅种子质量差，发芽率低，而且次代植株更易提早抽薹，必需专门培育种子。在冬至前后，把经过株选的块茎贮藏至次年2～3月，使其萌发出苗，然后分株移栽于种子田。移栽后，植株迅速生长，4～5月抽薹开花，主花茎抽生最早，开花也早，侧生花茎多在5月下旬抽生，开花迟。开花顺序是先主花薹，后侧生花薹，由下向上开放，由于开花很不一致，因而种子成熟也不一致。开花早的，5月下旬为花末期，进入幼果期，6月中旬种子成熟；开花迟的，6月上中旬为花末期，进入幼果期，7月种子成熟，此时成熟的种子称为晚熟种子，赶不上当年育苗用种，只能用于次年育苗。

种子的成熟时间可以采用人工因素控制，一是用块茎育种，不进行分株，种株开花早；二是块茎假植用塑料薄膜覆盖增温，使之早发苗、早移栽；三是对种子田种株喷920生长刺激素，促其迅速生长发育，早抽薹开花。

四、良种选育

经过人工栽培，泽泻的种质已经发生分化。目前生产中主要的栽培品种可分为川泽泻和建泽泻。其中建泽泻又有两个品种，一是矮叶品种，二是高叶品种，生产中大面积栽培的是高叶品种。

培育良种是泽泻栽培增产的重要措施，川泽泻采用块茎繁殖种子，建泽泻采用种子或块茎繁殖种子。川泽泻在培育种子方面有悠久的历史，近年来在这方面有新的发展，创造了早熟种子培育新技术，摒弃了整个块茎培育早熟种子的传统方法。

1. 种茎选择

四川产区在冬至后采挖泽泻块茎时，于田间进行单株选种。留种块茎必须具备以下条件：①选种田无病虫害侵染，块茎也无病害发生。②种株生长发育良好，必须是山棱子（叶柄重叠三束排列）。③块茎心芽绿色，未遭受冻害、损伤。④块茎无侧芽、侧生小块以及顶部无分叉隆突。⑤块茎大，形状为圆形、长椭圆形，无畸形、伤疤、腐烂或烂根。⑥植株叶片平展，较矮壮。

2. 种茎假植

留种的种块茎，切去残叶，保留叶柄长约7cm，注意保护心芽，勿受损伤。培育早熟种子的，将种茎假植于避风的田角或水沟中，株行距7～10cm，上面覆盖塑料薄膜，假植田中灌浅水保湿；培育晚熟种子的，将种茎假植于翻松的湿润土中，种茎紧挨着密栽，上面覆盖稻草保温防冻。

3. 分苗移栽育种

培育早熟种子的，由于假植地覆盖塑料薄膜，土温高，种茎出苗早。一般在2月下旬或3月上旬，即可分苗移栽在种子田中。种子田应进行翻耕、施基肥。分苗方法就是从种茎上拔取蘖苗，蘖苗幼嫩枝拔取时注意保护。种子田栽苗方法与大田移栽的方法技术要求相同，栽苗的密度一般株距33～35cm，行距40～50cm，密植的株距30～35cm，行距32～38cm。分苗移栽一般不到一周即会返青，于返青后喷920生长刺激素一次，以促其快速生长，早抽薹开花。中耕除草、追肥三次，最后一次在将抽薹前，除氮肥外，要加施磷、钾肥。

培育晚熟种子的，于3月中下旬分苗移栽于种子田，栽苗一般较稀，株行距40～45cm。近年密植试验均在33cm以下的效果很好，种子成熟较一致，不发芽的嫩籽减少，因而种子饱满。主要原因是密植后，植株基部晚抽生的花薹，因植株郁闭受到抑制，几枝主花薹发育较良好，花期较一致，果实成熟叶较一致。中耕除草、追肥与早熟种子培育相同。

4. 种子的采收

早熟的种子在夏至前成熟，刚好赶上当年育苗用种。晚熟种子在7月才能成熟，赶不上当年育苗，必须贮藏供次年育苗用种。种子采收标志以果实变成

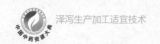

黄褐色时，分批采收。采收时用刀割下花薹，扎成小把，运回悬挂于阴凉通风处，让其自然干燥，于育苗播种前取下脱粒。贮藏期间不要受烟熏、火烤，以免降低发芽率，甚至不发芽。

泽泻优质种子的评价标准：果实类型：瘦果；果实形状：扁倒卵形；成熟健康种子的外观颜色：黄褐色；种子的形状：倒卵形；种子的千粒重为0.2704g；种子发芽率78.02%。

五、地理分布与资源变迁

泽泻具有很强的适应性。据《中国植物志》记载，泽泻广布于全国范围。野生品种分布于黑龙江、吉林、辽宁、内蒙古等地，多生于沼泽边缘，但目前几乎难以见到野生品。栽培泽泻主产于福建、四川、江西、广西、湖北、湖南、广东、陕西等地。以福建、江西栽培的称建泽泻；以四川栽培的称川泽泻。建泽泻主要栽种于建瓯、建阳、龙海、同安、漳浦等，以个大、形圆而光滑、色白质实、粉性足等特点，品质最佳。近年来由于劳动力价格因素的影响，福建的龙海、同安、漳浦等地已经不再生产建泽泻，而同期的江西广昌等地逐渐大种植面积，形成了较大的泽泻种植区。

建泽泻为福建传统地道药材，药效明显，是著名药方"六味地黄丸"的主要配料之一，在国内外药材市场上享有盛誉，产品远销到香港、南洋及东南亚各地。建泽泻栽培历史已长达数百年，在育苗、栽培和留种等方面积累了丰富的经验。

福建栽培泽泻，历史悠久。明代弘治三年（1490年）的《八闽通志》、嘉靖年间（1541）的《建宁府志》、清代康熙四十二年（1703年）的《建阳县志》都有过泽泻的记载。建泽泻老产区，分布在建宁府即现今闽北南平地区的建阳、建瓯、崇安、浦城、松溪等地，所产的种子种苗均引种到省内外，建瓯县有"泽泻之乡"的美名。建泽泻早在清朝咸丰年间引种到江西，并在江西得到发展，产品质量亦佳故有"西泽泻"之称。此后又被成功引种到广东、浙江、上海、江苏等地。20世纪50～60年代，在政府有关部门的推动下，在福建建瓯开展了多场泽泻种植技术培训，面向全国众多中药生产企业传授泽泻栽培技术。在省内也逐步向闽中、闽南传授技术，种植区域逐渐扩展到龙海、厦门、同安、漳浦等地，产量渐增，继而成为建泽泻的主要产地之一。闽北老产区所产建泽泻以粒圆、个大、质坚、粉性足的质量优良，但亩产量较低。长期以来，老产区每亩产量不能突破100kg。新产区产品多椭圆形、粒大质松，质量略逊于老产区产品，但亩产量高，也较具有市场竞争能力。

历史上，闽北种植面积一度达到近万亩，总产量700多吨。一般年份，以建瓯县吉阳镇为中心，每年种植面积均在3000亩上下。2008年后，由于市场行情不佳，当地劳动力价格暴涨，租地费用提高，严重制约了泽泻生产。目前，

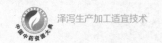

建瓯县吉阳镇常年种植3000亩,产量不足10吨,远远不能满足市场的需要。

长久的栽培育种形成了多种农家栽培类型:有矮叶种、高叶种、花用种、吉阳种、建阳种和龙海种等。

六、生态适宜分布区与适宜种植区

栽培主要分布于福建的建瓯、建阳、浦城、顺昌、同安、龙海、漳浦;四川的彭山、都江堰、灌县、崇州;江西的广昌、石城、宁都等地。此外,广西、湖北、湖南、广东、陕西等地亦有过大面积栽培。福建的建瓯已经建立泽泻GAP基地,并已经通过国家主管部门的认证。

第3章

泽泻种植技术

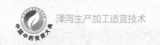

一、种植历史与现状

泽泻分布很广，生于沼泽边缘。历史上主要分布于陕西、河南、山东等黄河流域。近代，家种泽泻主要在福建、四川、江西、云南、贵州、湖南、浙江、上海、江苏、安徽。主产于福建建瓯、建阳、浦城、顺昌、南安、同安、龙海、漳浦、福州；四川灌县、新都、浦江、彭山、眉山、乐山、泸州、德阳。此外，江西广昌、于都、宁都；广东东莞、海丰、电白、徐闻、海康、遂溪、廉江、增城；广西北流、博白也产。

商品中以福建、江西产者称建泽泻，个大，圆形而光滑；四川、云南、贵州产者称川泽泻，个较小，皮较粗糙。福建建瓯、建阳、浦城等地栽培历史较久，产量大，质量好，素有"建泽泻"之称，为道地药材。

陶弘景曰："汝南郡属豫州。今近道亦有，不堪用。惟用汉中、南郑、青州、代州者。形大而长，尾间必有两歧为好。此物易朽蠹，常须密藏之。丛生浅水中，叶狭而长。"《名医别录》："生汝南池泽，五月、六月、八月采根，阴干。叶五月采，实九月采。"《本草图经》："今山东、河、陕、江、淮亦有之，汉中者为佳……今人秋末采，暴干。"《植物名实图考》曰："抚州志：临川产泽泻，其根圆白如小蒜。"《新修本草》注："今汝南不复采用，唯以泾州、华州者为善也。"《本草蒙筌》："淮北虽生，不可药用。"《药物出产辨》："福建省建宁府上。"

二、种植材料

在立春前后泽泻收获时，在大田里选择植株健壮，有7片以上，圆而大的叶片，不弯曲，不开花，无病害的泽泻作为留种用的母株，从大田挖起，然后剪去部分须根，剪去叶片上部（留20cm叶柄），并切除部分球茎，切口蘸以草木灰放室内让其休眠3天后移栽到留种田里，留种田的选择和移栽后田间管理与大田栽培相同，以株距35cm×40cm、行距40cm×50cm为宜。最后一次追肥宜在抽薹开花之前，除了施氮肥外，还应加施磷肥、钾肥。移栽后，大约在小满前后开始开花结籽。泽泻是边开花，边结籽，边成熟。因此，在夏至前后，以尾花花谢作为种子成熟的标准，收种时，常剪除顶层嫩籽和底层过熟籽，剪下中层呈浅金黄色的作为种子用（图3-1和图3-2）。

图3-1　泽泻留种

图3-2　泽泻种子

三、组织培养快繁技术

福建省农业科学院陈菁英等人以种子萌发的无菌苗茎尖为外植体进行泽泻的组织培养和快速繁殖。种子萌发培养基采用MS；不定芽诱导和增殖培养基采用MS+6-BA 2.0mg/L+KT 0.5mg/L+IAA 0.2mg/L；壮苗和生根培养基采用MS+6-BA 0.1mg/L+NAA 0.8mg/L。上述培养基均附加3%蔗糖、0.7%琼脂，pH 5.8～6.0，在121℃下高压灭菌15分钟；培养温度为25～28℃，光照时间10小时/天，光照强度为1500lx。旨在研究泽泻良种繁育，解决泽泻种子提纯复壮问题。目前实际生产上较少采用。

四、种子种苗的检验与等级

泽泻种子的成熟期的早与晚以及成熟程度对发芽率及植株的生长发育有很大的影响。过熟的种子，呈褐色或红褐色，发芽率高，但是植株易提早停止发育，苗株小，产量不高；中熟种子呈黄褐色或金黄色，发芽率高，苗株大，生长发育旺盛，产量高。过嫩的种子呈黄绿色，发芽率很低，植株生长发育不良，产量低。黑色的是瘪籽，根本就不发芽。泽泻种子寿命短，贮藏1年以上就会丧失活力，贮藏期间不能受冻、暴晒等。因此种子应当选中熟的、外表呈黄褐色或金黄色的种子。

播种15天后，最大的幼苗已具7片真叶，大部分具有明显的长柄，叶片卵圆形，长13mm，也具明显的长柄，并有不定根15～20条，幼苗期一般为30～50天。出圃时幼苗一般有叶片5枚以上，株高20cm左右，即可作为移栽苗。

五、选地播种

1. 育苗地

一般要选土地肥沃，水源充足，灌能满，排能干的水稻田。育苗前3天，将苗地深耕细耙，下足基肥，最好以农家肥为主。用鱼藤精消毒苗地。然后把田耙平，并整理成宽100～130cm的育苗畦，两畦之间留30cm宽的小沟，畦面要求做成龟背形，以利排水。苗床的朝向以东西向为好。个别产区常先在畦面薄施一层草木灰，以防畦面板结龟裂（图3-3和图3-4）。

图3-3　育苗地

图3-4　育苗（秧）

2. 种植地

泽泻生长期短，喜温暖气候，所以移栽的大田宜选阳光充足、土壤肥沃和水源方便的水稻田作为栽培田。

移栽前3～4天，把选好的稻田进行翻土，结合犁田，可下足基肥，如人粪尿等，以农家肥为主，无机肥过磷酸钙等为辅。翻土后把田耙细耙平，保持浅水，即可移栽。

3. 种子的处理与播种

为了促进种子发芽，播种前应先将种子用纱布袋装好，放入清水中浸渍24小时，后取出晾干种子表面水分，再用10倍于种子的细砂或细火烧土等，与种子混合拌匀，即可进行播

图3-5 播种

种。选择晴天下午，把种子均匀地撒在事先做好的苗床畦面上。每亩用种量500～750g。种子撒下后，用竹扫帚轻拍畦面，使种子与泥土紧密结合。以种子入土为限。到第二天待畦面有些干燥时，即可灌水育苗（图3-5）。

4. 苗期的管理

泽泻播种育苗，正值高温多雨季节，为防止秧田水烫，在播种后，要给苗

床搭棚遮阴保苗。遮阴度为70%。同时要做到白天盖棚盖，晚上翻棚盖。育苗期间，常遇大雨，雨前要把秧田的水灌满，以防大雨把播下的种子打散或把幼苗打折。大部分地区，在育苗期间，常是晚上灌满水，白天排干水。种子播种后约3天开始出芽。当苗高6~10cm时，即可逐步拆除荫棚。苗床一有杂草应随时拔除。

泽泻的育苗苗龄，各地都不一致，但以35~50天为限，即可移栽大田。田间的幼苗状况对建泽泻的生长和各种性状影响巨大。一般来说，幼苗强势的植株生长较快，植株高大，而幼苗弱势的植株生长较慢。因此，栽种时应保持种苗的相对一致以及栽种方法和管理措施的相对一致性。

5. 移栽定植

在白露前后，闽南地区多在寒露前后移栽。选健壮无病害的泽泻苗，连根带泥从苗床拔（挖）起，按株行距33cm×33cm或40cm×40cm进行移栽到准

备好的大田中。每亩用苗5000~6000株。栽种的深浅一般视水田的土层深浅而定。它对泽泻商品的规格有一定的影响。一般以浅栽1.5cm即可（图3-6）。

图3-6　定植

栽后3～5天，要及时检查，把没有栽好而浮起的幼苗重新栽好，并把缺苗补齐。

六、田间管理

1. 中耕除草

泽泻整个生长周期需要进行3～4次中耕除草。一般是耕田、除草和追肥同时进行。首次中耕除草可安排在移栽后15～20天，即可放干田水进行中耕除草。

2. 追肥

结合中耕除草应施一次高效速效的无机肥。栽种泽泻应做到基肥要足，追肥宜早，每亩用尿素7.5kg。以后每20天施一次肥，整个栽培期间共施4次肥。一般第二次施尿素15kg，第三次施尿素25kg，最后一次视泽泻出产情况施

图3-7 施肥

一次壮尾肥。施肥的方法以采用点施法为好，以免伤害叶片（图3-7）。

3. 灌溉、排水

泽泻移栽后，在生长前期。应注意保持田间的浅水灌溉即保持3～4cm深的浅水。

4. 摘芽除薹

生长后期常有花薹抽出，耗费大量养分，影响块茎的膨大。应立即摘除花薹，以免影响产量、质量。

七、常见病虫害及其防治技术

1. 虫害的防治

（1）白斑病（*Ramularia alismtis* Fautr.） 由一种半知菌引起，为泽泻的主要病害。主要危害叶、叶柄等处。8～9月由于高温高湿易发此病。发病初期，叶面产生很多细小圆形的红褐色病斑，病斑扩大后，中心呈灰白色，周缘暗褐色，病情发展后，叶片逐渐发黄枯死。叶柄上病斑黑褐色，棱形，中心下陷，逐渐延伸，导致叶柄枯萎。各产区都有发生，威胁很大。

防治方法：选择抗病能力强的品种或无发生过该病害的田块。也可采取种子消毒预防，在播种前，用40%甲醛80倍液浸种5分钟消毒，以杀死附在种子上的病菌，然后用清水洗净晾干后播种。

发病初期，在田间发现病叶，应立即摘除，并用1：100波尔多液或喷在叶

面上以保护植株。此外，还可用65%的代森锌可湿性粉剂500～600倍液或50%的二硝散200倍液或50%的托布津可湿性粉剂100倍液喷洒防治，7～10天喷1次，连续3次。

（2）猝倒病（*Pythium deberyarum* Hesse.） 幼苗茎基腐烂而猝倒，枯死。发生该病的主要原因是播种密度太大或所施的农家肥未腐熟或者灌水过深。

防治方法：播种密度应适宜，肥料要腐熟，灌水深度宜在5cm以内。病害发生时，用1∶200波尔多液喷洒。

2. 虫害的防治

（1）泽泻缢管蚜（*Rhopalosiphum nymphaeae* L.） 成虫群集于叶背和花薹上吮吸汁液，造成叶片枯黄。高温高湿时易发生。

防治方法：用40%乐果1500～2000倍喷洒防治，每5～7天喷1次，连续2～3次。注意喷洒到叶背、花薹部位以及心叶部分。

（2）银纹夜蛾（*Plusia agnate* Staudinger） 幼虫咬食叶片，造成孔洞状或缺刻。

防治方法：可用人工捕捉或用90%的敌百虫1000～1500倍液喷洒，也可用杀虫脒1000～1500倍液喷洒，还可用烟茎草粉2.5kg加水15kg煮沸过滤后喷洒。

八、药材采收和加工技术

1. 采收

适时采收加工，是泽泻药效成分的质量保障基础。主产区泽泻一般生长期为115～120天。但主要以植株枯萎后即可采挖，过早或过迟都会影响泽泻的产量与质

图3-8　植株枯萎

量。产区一般在采收泽泻前一个月，把田水放干进行烤田，促进块茎养分的积累，以提高产量和质量（图3-8和图3-9）。

图3-9　采挖

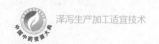

采收时常用镰刀或特制割刀在泽泻块茎周围划成三角形，以割断须根后拔出块茎（块茎要留有3～5cm茎基，以免在加工干燥时，顶端流出黑色汁液，干后块茎凹陷，影响质量和产量）。洗去泥沙杂质，去除枯叶，先晾干水分，以备上炉烘烤（图3-10）。

图3-10 泽泻采收

2. 加工干燥

取块茎表面晾干水分的泽泻置于烘烤房内，先用大火烘烤，后逐渐降低火力。烘烤3～6天，每隔12～24小时翻动，待块茎表皮酥脆易脱时，盛入撞毛机内，撞去须根及粗皮。除去大部分须根及表皮后取出，堆放发汗1～3天，待其表面返潮时，再根据大小进行分级挑选，分别烘烤至八成干，再置于撞毛机除去须根。然后集中堆置让其内心水分外渗，过几天后即可最后烤至干燥为止，并再次放到摇撞机内进行脱毛处理，使泽泻外皮、须根全部脱掉，变成光滑淡黄白色商品，即可进行选级包装（图3-11至图3-18）。

图3-11　净制

图3-12　阴晾

图3-13　烘烤

图3-14　撞皮

图3-15　装袋

图3-16　发汗

图3-17　二次烘烤

图3-18　二次撞皮

九、药材包装、储存、运输

1. 包装

充分干燥后的泽泻药材，清除劣质品及杂质异物后，即可包装。所用包装材料以内衬聚乙烯塑料袋的编织袋为宜，密封。

2. 储藏

本品易受潮霉变，更易生虫，故每年的梅雨季节到来之前，必须用炭火再次烘干，或经常翻晒，以预防虫蛀和发霉。蛀虫发生时，可用烟碱熏治。泽泻适宜放置于干燥处保管，宜存放于有楼板的库房。与药材丹皮同储可以起到防虫作用。

3. 运输

运输工具应保持干燥，并具有防潮措施，同时不应与其他有毒、有害物质混装。

第4章

泽泻特色
适宜技术

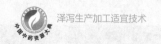
一、川泽泻的生产适宜技术

1. 范围

本技术适宜于四川省彭山县及相邻生态区域川泽泻的栽培生产和产地加工过程,包括选地整地、育苗移栽、田间管理、采收、产地加工、包装、储存等技术要求。

2. 规范性引用文件

下列文件所包含的条款,通过在本标准中引用而构成为本标准的条款。凡注日期的引用文件,仅注日期的版本适用于本文件。凡是不注日期的引用文件,其最新版本(包括所有的修改单)适用于本文件。

GB 3095《环境空气质量标准》

GB 5084《农田灌溉水质量标准》

GB 15618《土壤环境质量标准》

GB 8321《农药合理使用准则》(使用全部)

《中华人民共和国药典》2015年版一部

3. 海拔、气候、土壤要求

海拔适宜海拔在400～800m;适宜气候年平均气温16.8～18.9℃;适宜年降雨量700～800mm;适宜土壤质地黏重,有机质较丰富。

4. 选地和整地

（1）产地环境要求 宜选择阳光充足，土地肥沃，水源充足，排灌方便，气候温暖，田面平整，耕作层深20cm左右的田块。前作以水稻或莲藕为好。

（2）土壤 应符合土壤质量GB 15618二级标准。

（3）灌溉水 应符合农田灌溉水质量GB 50842标准。

（4）空气 应符合空气质量GB 3095二级标准。

（5）整地 育苗前几天放干水，翻耕后施厩肥或绿肥45 000～60 000kg/hm^2，然后耙匀，做成宽1.0～1.2m的厢，要求厢面平整；移栽地待前作收获后立即翻犁，除去稻根，施厩肥或绿肥22 500～30 000kg/hm^2，施肥后耙田，使水浅、泥细、田平，以便栽植。

5. 育苗移栽

（1）播种育苗 冬季选留种茎，选择生长健壮、无病虫害、基叶聚成三束的植株作种株，去掉枯萎残叶，在比较潮湿的旱地，将其斜插入土中，假植。覆盖地膜防冻保温，以促使早发芽。第二年立春后，每一块茎发出十余个新苗，待其长到17～20cm高时，挖取母株，按已形成的新苗分切成单株，按行株距30～40cm栽种于阳光充足、土壤肥沃的水田中，并覆盖地膜，栽后加强水肥管理。6月上旬种子呈谷黄色时，分批采收，先熟先收，每隔3～5天收割一次。

（2）种子处理 泽泻以中等种子发芽率最高，且苗株生长好、产量高、质

量好。泽泻中等成熟种子是即将成熟的种子,呈黄褐色,因此在种子采收脱粒净选时,应剔除红色、绿色和黑色的种子,只留黄褐色的作种。因为红色是老种子,绿色是未成熟的,黑色为瘪籽。种子选定后,用布袋装好,悬挂阴凉通风干燥处保存。将当年采收种子用纱布包好,放入清水中浸泡24～48小时,晾干水气,与草木灰拌和,混合均匀。

(3)种时期 6月上旬至7月上旬,不宜晚于7月中旬。

(4)播种量 每亩250～500g种子。

(5)播种方法 均匀撒播,用扫帚轻拍厢面,使种子贴在厢面上,防止种子被水冲走。

(6)种苗培育管理 播种后,应插枝条遮阴,并立即灌水至3cm深。待苗出齐后间苗除杂草,保持苗株间距3cm左右,秧苗生长均匀,以后每隔3～5天,见草即拔。

(7)移栽时间 苗龄35～50天,苗高10～13cm,有5～8片真叶的矮、壮秧苗即可拔起移栽。

(8)移栽密度 按行距30～33cm,株距24～27cm,每穴1苗,如果苗小的,也可用2苗,每亩栽7000～10 000株。并可在田边地角密植几行预备苗,补苗用。每栽8～10行,留一条40cm的宽行,方便管理。

(9)移栽方法 移栽宜选阴天或下午天气阴凉时进行,栽正,栽稳,以浅栽为宜，入泥中3～4cm。

6. 田间管理

（1）补苗　秧苗栽后若发现有死苗、浮苗，应立即重栽或补苗。在前2次中耕除草时也要注意补苗。

（2）中耕除草　一般与追肥结合进行3～4次。苗转青后，进行第1次除草。每次追肥前先排浅田水，拔除杂草，然后施肥，晒田1～2天，再灌水。

（3）追肥　栽后2个月内追肥，每隔15～20天施肥1次，施3～4次为宜。前2次追肥，畜粪尿11 250～22 500kg/hm²，第1次宜少，第2～4次逐步增加。前2次还可配合施尿素、复合肥，用量64.5～150kg/hm²。第3～4次可掺和腐熟的油饼粉，用量300～345kg/hm²。最后1次追肥应在霜降前。

（4）排灌　移栽后，田间要保持浅水灌溉，前期田水一般保持水深3cm左右，后期限制在3～5cm为宜。采收前1个月内，可视生长发育情况逐步排水至完全排干，晒田，以利球茎生长和采收。

（5）摘芽去薹　植株出现抽薹现蕾，并萌发许多侧芽，结合中耕及时摘除花薹和侧芽。须从茎部折断，不留茎桩，以免侧芽再继续产生。

7. 病虫害防治

预防为主，综合防治。通过选育抗性品种培育壮苗、科学施肥、加强田间管理等措施，综合利用农业防治、物理防治、生物防治、配合科学合理的

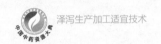

化学防治，将有害生物控制在允许范围内。农药安全使用间隔期遵守国标 GB 8321.1-7《农药合理使用准则》，没有标明农药安全间隔期的品种，收获前 30天停止使用，执行其中残留量最大的有效成分的安全间隔区。

泽泻的主要病害有白斑病、白绢病等；主要虫害有缢管蚜、银纹夜蛾等。其防治方法如下。

（1）白斑病 播种前用40%福尔马林80倍液浸种5分钟，晾干播种；发病期用65%代森锰锌500～600倍液或用50%二硝散200倍液喷雾，7～10天喷1次，连喷2～3次，并且摘除病叶。

（2）白绢病 播种前用50%甲基托布津浸种10分钟；发现病株及时拔除，病区撒生石灰。

（3）缢管蚜 苗期喷40%乐果乳油2000倍液，每7天喷1次，连用3～4次；成株期喷40%乐果乳油1500～2000倍液或50%马拉硫磷乳油1000倍液，每5～7天喷1次，连用3～4次；育种期为害，可割除受害花薹烧毁。

（4）银纹夜蛾 选用10%氰戊菊酯2000～3000倍液、40%乐果1000倍液、90%敌百虫晶体1000倍液喷杀；或田间安装黑光灯，诱杀成蛾。

8. 采收

（1）采收期 大田种植120天左右的川泽泻，最适宜采收期为11～12月。

（2）采收方法 排水晒田后选择晴天收获，收获时用竹撬在泽泻植株附近转一下泥土，然后拔起即可。除去泥土及须根，保留中心叶，其余叶片均摘去。如将中心小叶摘去，加工干燥时，可见从中心叶片口处流出黑色汁液，干后发生凹陷，影响质量。

9. 产地加工

采挖后通风干燥或晒1～2天，再用微火烘3～6天，当表面出现黄白色或黄棕色、内心发软或相碰发出响声时，表明已烘干。干后装入竹笼内，来回撞擦，除去须根及粗皮，晒干，即为成品。

10. 包装

将检验合格的产品按不同商品规格分级包装。在包装物上应注明产地、品名、等级、净重、毛重、生产者、生产日期及批号。

11. 储存

于清洁卫生、阴凉干燥（温度不超过20℃，相对湿度不高于65%）、通风、防潮、无异味的环境中贮藏，定期检查泽泻的储存情况。

二、莲田套种泽泻生态种植适宜技术

泽泻的大田生育为150天左右，一般在9月上旬或"白露"前移栽。莲的生育期一般为1年左右，花期长达180天以上。江西广昌、石城、莲花，四川彭山等地利用莲和泽泻的生长发育特点，自1999年以来，就实行莲田套种泽泻的

45

生态种植模式。利用莲田套种泽泻技术，当年冬季每亩可采收商品泽泻药材300kg左右，比单独种植莲或泽泻品种每亩可增收5000元左右，比莲田套种晚稻增收近2倍，并且套种泽泻的莲田莲腐病发生轻。这种套种方法简单易行，在莲区、泽泻产区均具有广阔的推广价值。莲田套种泽泻生态种植技术主要由莲田种植技术和莲田套种泽泻技术两部分组成。

本技术适宜于江西广昌、石城、莲花，四川彭山、都江堰、崇州及相邻生态区域的莲田套种泽泻生态种植技术，包括莲田种植技术和莲田套种泽泻技术。

（一）莲田种植技术

1. 莲田选择

选择灌溉条件好、阳光充足、土层深厚、肥力中上的冬闲田或绿肥田。土壤以壤土、黏壤土、黏土为宜，忌瘠薄砂土田、冷浸田、锈水田。

2. 整地

整地要求精耕细作，做到深度适当，土壤疏松，田面平坦，施足基肥。冬闲田，冬季深耕深灌，施有机肥30 000~37 500kg/hm^2，开春再进行两耕两耙，第一次翻耕后施石灰375~450kg/hm^2，以促使绿肥腐烂。若绿肥每公顷产在30吨以上，则不需再施栏肥，产量过低，必须补施部分有机肥。

3. 种藕选择

在选择种藕时，要选品种纯正、上年单产高、未发生病害的留种田里的种藕。以色泽新鲜、藕身粗壮、节间短、无病斑、无损伤、顶芽完整、具三个节以上的主藕为宜。

4. 施基肥

结合莲田整理，施足腐熟栏肥30 000～37 500kg/hm²，绿肥田配施450kg/hm²石灰。移栽前一天，施碳铵300～375kg/hm²，过磷酸钙375kg/hm²作面肥，以确保基面肥充足。

5. 移栽

气温稳定在15℃以上，即清明前后移栽为宜。种植密度一般以每亩种植120～150芽为宜。

6. 中耕除草

莲从移栽到荷叶封行，先后要进行2～3次耕田除草。主茎抽出第一片立叶时开始耘田，之后每隔10～15天耘田一次，到荷叶封行为止，耘田前先排水，只保持泥皮水，耘田时应将杂草拔尽并埋入泥中，达到泥烂、面平、无杂草的要求。耘田结合追肥，可深施肥料，提高肥效。

7. 清除寡荷

寡荷在花果期无多少作用，只会消耗养分，增加田间荫蔽度。因此，生长期间及时除去寡荷叶，以改善通风透光条件，促进莲叶芽、花芽生长，同时避免折断荷梗。

8. 科学管水

种藕移栽后的生长初期保持3～6cm浅水，进入花果期水深10～12cm，盛夏高温季节，可保持水层在20cm以上，以降低土温。莲子采收完毕，仍不可断水，要保持田土湿润。

9. 追肥

莲第一立叶抽生后（成苗期）结合第一次耘田追苗肥，尿素75kg/hm^2、氯化钾37.5kg/hm^2。施肥后即行耘田，并灌水6～7cm，以防肥害。始花期重施花肥，于第一花蕾出现时施用，每公顷施尿素112.5kg，加氯化钾60kg或饼肥450kg，全田均匀撒施，不能将肥料撒到荷叶或花上，田间保留3～5cm水层。之后每过10～15天施1次追肥，全程6～7次。

10. 病虫害防治

莲腐病、叶枯病、斜纹夜蛾、蚜虫等病虫害，其中莲腐病危害最为严重。可以通过采用良种、加强田间管理、药剂防治、合理轮作的方法对病虫害进行综合防治。

（二）莲田套种泽泻技术

1. 莲田选择

选择土质疏松肥沃、泥脚浅、水源充足、排灌方便、气候温暖、阳光充足、田底平整、耕作层深20cm左右的莲田，作为套种泽泻的莲田。

2. 品种选择

泽泻品种应选择高产优质、抗病虫害性能好、抗倒伏性强的川泽泻和建泽泻。

3. 泽泻繁育

夏至前至6月中旬开始制种，寒露后至10月中旬开始收种，收种为陆续收割，成熟一根收一根，先熟先收，未成熟的不收，每隔3～5天收割一次，制种期为120天左右，一般每公顷可收种子375kg。

选择光照充足、排灌方便、土壤肥力较高的田块，做好秧床，要求畦高10～14cm，宽1m左右，床面平整，切忌积水、泥烂成浆，每公顷施入有机肥450kg作基肥，上面再铺一层淤泥，然后开始播种，播种要求来回均匀撒播，播种后用手掌将种子轻拍入土，然后再用小竹片和稻草做好遮阴棚架在秧床上，高度1m左右，3天后，晚上灌水，早上6时30分前排水，隔3～4天再灌水一次，连续几次即可。每公顷秧田可播7.50～11.25kg种子。播种15天左右，待苗出齐后要间苗除杂草，保持苗株间距3cm左右，秧苗生长均匀，以后每隔3～5天，见草即拔，并追施有机肥一次，直到移栽前3天停止追肥。

4. 泽泻移栽到莲田

9月初白露至秋分前移栽为宜。冬季或者次年春季收获莲藕的莲田，在泽泻移栽前，应进行一次全面摘除寡荷叶；9月份收获莲藕的莲田，在泽泻移栽

前，将莲田里的莲梗踩到泥土中，每公顷施1500~2250kg草木灰，田中保持浅水，翻耙一次稍作平整。

选阴天或晴天下午3时后栽苗，栽前选择苗高15~20cm的壮苗，过高的幼苗可剪去部分叶片。栽时将幼苗连根拔起，随起随栽，按行株距30cm×40cm，以每亩栽苗4000~6000株为宜，用大拇指将秧苗轻轻按入泥土表层，做到浅栽、栽正、栽稳，一般栽入泥土中3~4cm较合适。

5. 田间管理

移栽后及时检查，遇有浮苗，应扶正栽稳；缺株应及时补齐。

秧苗移栽大田约20天后耘田一次，同时施肥，主要肥料是尿素、草木灰、菜籽饼等。每公顷施肥120kg左右，约隔15天，进行第二次耘田，结合耘田每公顷施尿素150kg左右。再过15天左右，进行第三次追肥，每公顷施尿素150~225kg。待苗长到33cm左右时可喷一次多效唑控制泽泻旺长，促使地下茎生长，提高泽泻的产量和质量，一般每公顷用量为0.75~1.125kg，掺水375~525kg/hm^{2}进行叶面喷施。

泽泻喜浅水栽培，生长前期保持水深3cm左右，中期5.6cm，后期2cm。11月中旬以后，逐渐排干田水，准备采收。泽泻成株喜光，于9月中下旬采摘莲子时，及时将寡荷茎、叶全部清除，或塞于泽泻行间泥土下。

发现泽泻逐渐长出侧芽，必须及时抹除，一般以2~3cm摘除为宜，否则块茎上会长出许多"鼓皮丁"，加工时影响泽泻的产量和质量。除留种植株外，发现花茎，也应及时摘除，以免消耗养分。

危害泽泻生长的病害和虫害主要有白斑病、白绢病、蚜虫、缢管蚜、银纹夜蛾等。防治方法同"川泽泻的生产适宜技术"章节中的病害虫防治技术。

6. 采收加工

栽种当年11～12月份泽泻叶枯萎时，挖出块茎，除去茎叶（应留中心小叶，以免干燥时流出黑色液汁），通风干燥或微火烘干，撞去须根及粗皮反复2～4次。收获不宜过早或过晚。如收获过早，则淀粉不足，质量轻；过迟则质松发黑。经排水晒田后，收获时用竹撬在泽泻植株附近转一下泥土，然后拔起即可。

三、"水稻-泽泻"轮作生产适宜技术

"水稻-泽泻"轮作高产栽培模式是利用水稻收割后种植中药材泽泻轮作的栽培模式，是重庆市秀山县溪口镇、四川省彭山县及邻近生态区等地为了合理利用土地，最近几年采用的泽泻主要种植技术。水稻和泽泻共生互利的作用，即可提高水稻的产量，又可提高土地利用率，减轻病虫害和防止泽泻衰退，提高土壤肥力。经实地测产验收，稻谷产量550kg/hm^2，泽泻产量300kg/hm^2，纯

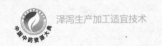

收入2000元,实现"稳粮增收"目标。"水稻-泽泻"轮作生产适宜技术由水稻种植技术和泽泻栽培技术两部分组成。

本技术适宜于重庆秀山县溪口镇、四川彭山县、都江堰县、崇州市及邻近生态区的"水稻-泽泻"生产适宜技术,包括水稻种植技术和泽泻栽培技术。

(一)水稻种植技术

1. 选用良种

适宜泽泻生长的稻田土壤,以肥沃而稍带黏性的土质为宜,选择优质高产中早熟良种,以中早熟组合为主推品种。

2. 适时播种

采取保温育秧措施以实现适时早育,3月30日至4月5日选择晴天播种。

3. 培育壮秧

选择背风向阳、管理方便的肥沃酸性土壤作苗床,并施足以有机肥为主的底肥。采用温室两段育秧方法,加强苗床管理,培育多蘖壮秧,为高产奠定基础。

4. 合理密植

秧龄30~35天,叶龄4~5叶时即可带土、带肥、带药移栽,采取宽窄行提绳栽秧,规格为6cm×(8~10)cm,创建适宜的群体结构。

5. 加强管理

配方施肥采取"以底肥为主，以农家肥为主，以有机肥与化肥配合施用为主"的方针，做到"前促、中控、后补"施肥管理。每公顷用农家肥15 000～22 500kg，在秧苗移栽后5～7天用金稻龙肥10kg撒施，促分蘖和除草；水分管理实行以露为主、间歇灌溉的管水原则；坚持以预防为主、统防和群防结合的综合防治原则，根据病虫预报和田间调查情况及时施药防治。一般在6月下旬至7月初第1次用药，防治螟虫、白背飞虱、纹枯病，根据情况防叶稻瘟；7月中旬末至下旬（抽穗前5～7天）第2次用药，预防螟虫、灰飞虱、穗瘟、稻曲病；齐穗后至灌浆前期第3次用药，预防穗瘟、褐飞虱，确保高产丰收。

（二）泽泻栽培技术

泽泻为水生植物，土壤以肥沃而稍带黏性的土质为宜，通常栽培于水田或烂泥田里，以块茎入药，有清热、渗湿、利尿等作用。

1. 选地整地

泽泻喜温暖气候和阳光充足的环境，稍耐寒，在冷凉及霜期早的地方种植产量低，适宜土质肥沃的稍黏壤土或水稻土，砂土或冷水田均不宜种植，适合生长于浅水田中，忌连作。

2. 播种育苗

方法同"莲田套种泽泻技术"章节中的泽泻繁苗。

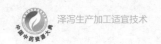

3. 适时移栽

抢早定植是增产的关键，水稻收后，翻耕土地，施足基肥，施腐熟的农家肥7500kg/hm²，三犁三耙，整平整细，做到泥细、田平、水浅，于8月立秋后至处暑前移栽为宜。将幼苗连根拔起，按行株距25~30cm，栽苗12 0000~150 000株/公顷为宜，要做到随起随栽、栽浅、栽正、栽稳，一般栽入泥土中3~4cm较合适。

4. 田间管理

栽后若发现有死苗、浮苗，应立即重栽或补苗。栽后2个月内追肥，每隔15~20天施肥1次，施3~4次为宜。移栽后，田间要保持浅水灌溉，前期田水一般保持水深3cm左右，后期限制在3~5cm为宜；抽薹长芽，及时打薹摘芽，从基部摘掉，加速根部生长，11月下旬放干田水备收获。

5. 病虫防治

危害泽泻生长的病害和虫害主要有白斑病、白绢病、蚜虫、缢管蚜、银纹夜蛾等。病害虫防治方法同"川泽泻的生产适宜技术"章节中的病害虫防治技术。

6. 采收加工

方法同"莲田套种泽泻技术"章节中的采收加工。

第5章

泽泻药材
质量评价

一、药材沿革

泽泻入药应用，始见于《神农本草经》，列为上品。称泽泻"主风寒湿痹，乳难、消水。养五脏，益气力，肥健"。《名医别录》认为泽泻有"补虚损五劳，除五脏痞满，起阴气，止泄精，消渴，淋沥，逐膀胱、三焦停水"。《药性论》认为泽泻有"主肾虚精自出，治五淋，利膀胱热，宣通水道"。《日华子诸家本草》认为泽泻有"治五劳七伤，主头旋，耳虚鸣，筋骨挛缩，通小肠，止遗沥、尿血"。《医学启源》认为泽泻有"治小便淋沥，去阴间汗"。《主治秘诀》云："去旧水，养新水，利小便，消水肿，渗泄止渴。"李时珍的《本草纲目》认为泽泻有"渗湿热，行痰饮，止呕吐、泻痢、疝痛、脚气"等。

在药物形态的描述方面，陶弘景谓："此物易朽蠹，常须密藏之。丛生浅水中，叶狭而长。"苏颂谓："春生苗，多在浅水中。叶似牛舌，独茎而长。秋时开白花，作丛似谷精草。秋末采根曝干。"

此外，历代的各种本草文献如《本草衍义》《医经溯洄集》《本草蒙筌》《本草汇言》《本草通玄》《药品化义》《本草正义》等也对泽泻的性味功能及主治功效进行了具体的论述。

二、药材规格等级

泽泻商品分为两个规格，即以福建、江西产的称为"建泽泻"，四川、广西、云南、贵州产的称为"川泽泻"。建泽泻个大、外形圆而光滑，川泽泻个小，皮较粗糙。一般认为建泽泻的品质最佳。

1. 药材外观性状

建泽泻：外形呈类圆形、长圆形、椭圆形或倒卵形的特征，表面黄白色，未去尽粗皮者显淡棕色，有不规则的横向环状凹陷，并散有众多突起的须根痕，于块茎底部尤密，未开过花的建泽泻，块茎底部无瘤状芽痕，而开过花的建泽泻则有开叉呈不规则体，或有较大的瘤状芽痕（图5-1）。

川泽泻：一般个头较建泽泻小，不规则的横向环状凹陷较深，颜色较灰暗，块茎底部瘤状芽痕较多且突出表面。气微香，呈泽泻特有香气，味微苦（图5-2）。

图5-1 建泽泻

图5-2 川泽泻

2. 商品特征与分级

（1）商品特征 药材：呈类球形、椭圆形或卵圆形，长2～7cm，直径2～6cm；表面黄白色或灰黄棕色，有不规则的横向环状浅沟及多数细小突起的须根痕，底部常有瘤状芽痕，质坚实，断面黄白色，颗粒状粉性，有多数细孔，气微，味微苦。

泽泻片：为圆形厚片，表面黄白色，粉性，有多数细孔，周边黄白色，有须根痕（图5-3和图5-4）。

图5-3 建泽泻片

图5-4 川泽泻片

盐泽泻：形如泽泻片，表面微黄色，偶见焦斑，味微咸（图5-5和图5-6）。

图5-5 盐泽泻（福建）

图5-6 盐泽泻（四川）

（2）规格等级 依据《76种中药材商品规格标准》，泽泻按产地分福建产的建泽泻和四川产的川泽泻，其等级划分标准如下（表5-1和表5-2）。

表5-1 建泽泻等级划分标准

品名	等级	标准	
建泽泻	一等	干货。呈椭圆形，撞净外皮及须根。表面黄白色，有细小突出的须根痕。质坚硬。断面浅黄白色，细腻有粉性。味甘微苦。每千克32个以内。无双花、焦枯、杂质、虫蛀、霉变	⌐1cm
	二等	干货。呈椭圆形或卵圆形，撞净外皮及须根。表面灰白色，有细小突起的须根痕。质坚硬。断面黄白色，细腻有粉性。味甘微苦。每千克56个以内。无双花、焦枯、杂质、虫蛀、霉变	⌐1cm
	三等	干货。呈类球形，撞净外皮及须根。表面黄白色，有细小突起的须根痕。质坚硬。断面浅黄白色或灰白色，细腻有粉性。味甘微苦。每千克56个以外，最小直径不小于2.5cm，间有双花、轻微焦枯，但不超过10%无杂质、虫蛀、霉变	⌐1cm

59

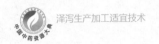

表5-2　川泽泻等级划分标准

品名	等级	标准	
川泽泻	一等	干货。呈卵圆形，去净粗皮及须根，底部有瘤状小疙瘩。表面灰黄色。质坚硬。断面淡黄白色。味甘微苦，每千克50个以内。无焦枯、碎块、杂质、虫蛀、霉变	 1cm
	二等	干货。呈卵圆形，去净粗皮及须根，底部有瘤状小疙瘩，表面灰黄色。质坚硬。断面淡黄白色。味甘微苦。每千克50个以外，最小直径不小于2cm。间有少量焦枯、碎块，但不超过10%。无杂质、虫蛀、霉变	1cm

三、药典标准

本品为泽泻科植物泽泻*Alismaorientale*（Sam.）Juzep.的干燥块茎。冬季茎叶开始枯萎时采挖，洗净，干燥，除去须根和粗皮。

【性状】本品呈类球形、椭圆形或卵圆形，长2～7cm，直径2～6cm。表面淡黄色至淡黄棕色，有不规则的横向环状浅沟纹和多数细小突起的须根痕，底部有的有瘤状芽痕。质坚实，断面黄白色，粉性，有多数细孔。气微，味微苦。

【鉴别】本品粉末淡黄棕色。淀粉粒甚多，单粒长卵形、类球形或椭圆形，直径3～14μm，脐点人字状、短缝状或三叉状；复粒由2～3分粒组成。薄壁细胞类圆形，具多数椭圆形纹孔，集成纹孔群。内皮层细胞垂周壁波状弯曲，较厚，木化，有稀疏细孔沟。油室大多破碎，完整者类圆形，直径54～110μm，分泌细胞中有时可见油滴。取本品粉末2g，加乙酸乙酯20ml，超声处理30分钟，滤过，滤液加于氧化铝柱（200～300目，5g，内径为1cm，干法装柱）上，用乙酸乙酯10ml洗脱，收集洗脱液，蒸干，残渣加乙酸乙酯1ml使溶解，作为供试品溶液。另取23-乙酰泽泻醇B对照品，加乙酸乙酯制成每1ml含2mg的溶液，作为对照品溶液。照薄层色谱法（通则0502）试验，吸取上述两种溶液各5μl，分别点于同一硅胶H薄层板上，以环己烷-乙酸乙酯（1∶1）为展开剂，展开，取出，晾干，喷以5%硅钨酸乙醇溶液，在105℃加热至斑点显色清晰。供试品色谱中，在与对照品色谱相应的位置上，显相同颜色的斑点。

【检查】水分　不得过14.0%（通则0832第二法）。

总灰分　不得过5.0%（通则2302）。

【浸出物】照醇溶性浸出物测定法（通则2201）项下的热浸法测定，用乙醇作溶剂，不得少于10.0%。

【含量测定】照高效液相色谱法（通则0512）测定。

色谱条件与系统适用性试验　以十八烷基硅烷键合硅胶为填充剂；以乙

腈–水（73∶27）为流动相；检测波长为208nm。理论板数按23-乙酰泽泻醇B

峰计算应不低于3000。

对照品溶液的制备　取23-乙酰泽泻醇B对照品适量，精密称定，加乙腈制

成每1ml含20µg的溶液，即得。

供试品溶液的制备　取本品粉末（过五号筛）约0.5g，精密称定，置具塞

锥形瓶中，精密加入乙腈25ml，密塞，称定重量，超声处理（功率250W，频

率50kHz）30分钟，放冷，再称定重量，用乙腈补足减失的重量，摇匀，滤过，

取续滤液，即得。

测定法　分别精密吸取对照品溶液与供试品溶液各10µl，注入液相色谱

仪，测定，即得。

本品按干燥品计算，含23-乙酰泽泻醇B（$C_{32}H_{50}O_5$）不得少于0.050%。

饮片

【炮制】泽泻　除去杂质，稍浸，润透，切厚片，干燥。

本品呈圆形或椭圆形厚片。外表皮淡黄色至淡黄棕色，可见细小突起的须

根痕。切面黄白色至淡黄色，粉性，有多数细孔。气微，味微苦。

【检查】水分　同药材，不得%过12.9%。

【鉴别】【检查】（总灰分）【浸出物】【含量测定】同药材。

盐泽泻　取泽泻片，照盐水炙法（通则0213)炒干。

本品形如泽泻片，表面淡黄棕色或黄褐色，偶见焦斑。味微咸。

【检查】水分　同药材，不得过13.0%。

总灰分　同药材，不得过6.0%。

【含量测定】同药材，含23-乙酰泽泻醇B($C_{32}H_{50}O_5$)不得少于0.040%。

【鉴别】（除显微粉末外）【浸出物】同药材。

【性味与归经】甘、淡，寒。归肾、膀胱经。

【功能与主治】利水渗湿，泄热，化浊降脂。用于小便不利，水肿胀满，泄泻尿少，痰饮眩晕，热淋涩痛，高脂血症。

【用法与用量】6～10g。

【贮藏】置干燥处，防蛀。

四、质量评价

1. 总三萜含量测定

采用乙腈超声提取（功率250W，频率50kHz）30分钟，制备样品提取液，提取液在高氯酸–5%香草醛体系显色15分钟制备得供试品溶液。以23-乙酰泽泻醇B为对照品，采用紫外–可见分光光度法测定，在555nm波长下检测，测定泽泻总三萜含量。

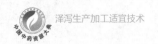

2. 多糖含量测定

泽泻多糖采用水超声提取，85%乙醇醇沉，沉淀干燥。精密称取干燥的泽泻多糖置量瓶中，用双蒸水定容，超声溶解。以5%苯酚溶液-浓硫酸显色体系显色，于沸水浴上加热15分钟，然后于冷水浴中冷却至室温，设置空白对照组。以葡萄糖为对照品，采用紫外-可见分光光度法测定吸光度，计算多糖含量。

3. 含量测定方法

对于泽泻主要有效成分含量测定的质量控制方法，国内外许多学者做了很多研究。

（1）快速溶剂萃取配合高效液相色谱法　利用该方法对23-乙酰泽泻醇B进行含量测定，对快速溶剂萃取仪的两个主要参数（温度和压力）进行考察，选择在60℃、压力8.7MPa的条件下对泽泻23-乙酰泽泻醇B成分进行快速萃取。此方法具有萃取时间短、溶剂用量少、提取率高、溶剂回收率高、所得产品品质好等优点，为评价泽泻的质量提供一种新的技术手段。

（2）气相色谱-质谱联用技术（GC-MS）　利用GC-MS法分析3种不同提取方法获取的3种产地泽泻的挥发性成分。采用顶空萃取（HS）、水蒸气蒸馏提取（SD）和CO_2超临界流体萃取（$SFE-CO_2$）3种方法分别与气相色谱-质谱技术联用对泽泻挥发性成分进行分析。其中HS-GC-MS法分析鉴别出17种挥发性成分，SD–GC–MS法分析鉴别出14种挥发性成分，SFE–CO$_2$–GC–MS法分析鉴别出17种挥发性成分。

（3）HPLC法 赵万里建立同时测定泽泻中泽泻醇C、泽泻醇F、23-乙酰泽泻醇C、泽泻醇L、24-乙酰泽泻醇F、泽泻醇A、24-乙酰泽泻醇A、泽泻醇G、泽泻醇B、23-乙酰泽泻醇B和11-去氧泽泻醇B 11个三萜类成分的RP–HPLC–DAD分析方法。方法采用Ultimate XB–C$_{18}$色谱柱（150mm×4.6mm，5μm），流动相乙腈–水进行梯度洗脱，体积流量1ml/min，检测波长为208、245nm，柱温30℃。比较25批泽泻中11个三萜类成分的量。该法准确、可靠、分离效果良好，为泽泻药材质量评价提供了可靠的方法。

日本学者吉川雅之采用HPLC–UV法同时测定泽泻中10个三萜类成分，方法是流动相：乙腈–水（50∶50）60分钟内线性梯度到乙腈–水（100∶0），流速：1.0ml/min；检测波长：210nm；温度：50℃。内标对苯二酸二乙酯，对10个三萜类成分同时含量测定，比较了日本泽泻、台湾泽泻、四川泽泻及其鲜品干燥对比，结果可以看出Alisol A，Alisol B及其乙酰化物占了总三萜的70%以上。

（4）指纹图谱法 李行诺建立泽泻饮片的高效液相指纹图谱，研究不同购买地泽泻饮片的质量，为科学评价及有效控制其质量提供参考。使用Zorbax Extend–C$_{18}$（250mm×4.6mm，5μm）色谱柱，以乙腈–水为流动相，采用梯度

洗脱法进行色谱分离。11批样品得到的色谱指纹图谱有25个共有峰。首次使用泽泻中多个三萜类成分作为对照品对指纹图谱色谱峰进行指认，结果重现性好，为控制泽泻饮片的质量提供可靠的分析方法。

谢普采用双波长HPLC法建立泽泻指纹图谱，方法为色谱柱为Kromasil C_{18}（250mm×4.6mm，5μm）；流动相为乙腈–水；检测波长：254nm（0~13.00分钟），210nm（13.01~60.00分钟）；体积流量：1.0ml/min。结果采用双波长对福建和四川两个产地20批泽泻进行指纹图谱研究，分别确定了18个和23个共有峰，并指认其中3个色谱峰。建立的双波长HPLC法色谱指纹图谱可以为泽泻药材的鉴别和质量评价提供依据。

第6章

泽泻现代研究与应用

一、化学成分

现代研究发现，泽泻中含有糖类、倍半萜类、三萜类、甾醇类、挥发油类、脂肪酸类、氨基酸类、微量元素。

1. 糖苷类

泽泻中具有α-D-呋喃果糖、β-D-呋喃果糖、α-D-乙基呋喃果糖苷、β-D-乙基呋喃果糖苷、5-羟甲基糠醛、蔗糖、棉子糖、水苏糖、毛蕊花糖、甘露三糖、毛蕊花糖苷及泽泻酸性多糖alisman PB、alisman PCF和葡聚糖alisman SI，泽泻的糖苷类成分可以使用Molish反应来鉴别。

2. 倍半萜类

泽泻富含较多的倍半萜类成分，具有抗炎、抗过敏等作用，主要包括环氧泽泻烯（alismoxide）、泽泻烯醇（alismol）及orientalols A、orientalols B、orientalols C、orientalols D、orientalols E、orientalols F 及其硫酸盐等，目前分离鉴定已有30种倍半萜，在薄层检识鉴别中，在硫酸乙醇溶液下多显蓝色斑点。

3. 三萜类

三萜是泽泻最主要的化学成分，目前从泽泻中已经分离鉴定超过80种三萜类化合物，以原萜烷型四环三萜类为主，药理研究表明其具有降脂、降糖、利尿、抗炎、抗肿瘤、抗菌、抗病毒等作用,23-乙酰泽泻醇B被作为《中国药典》《日本药典》的指标性成分，用于泽泻的鉴别和含量测定指标。泽泻主要的三萜类成分还包括泽泻醇A、泽泻醇B、泽泻醇C、24-乙酰泽泻醇A、23-乙酰泽泻醇C、11-去氧泽泻醇B、11-去氧-23-乙酰泽泻醇B、24-乙酰泽泻醇F等。薄层检识中，在香草醛-硫酸溶液下泽泻三萜化合物通常显红、黄色斑点，并且三萜含量的高低多用于评价泽泻药材的品质。

4. 甾醇类

泽泻中含有β-谷甾醇、豆甾醇、β-谷甾醇-3-O-硬脂酸酯、胡萝卜苷-6-O-硬脂酸酯等甾醇类物质，薄层检识中，在硫酸乙醇溶液下通常显红色斑点。

5. 挥发油类

泽泻具有挥发油成分，目前已鉴定有50多种挥发油类成分，其中以khusinol、榄香烯（δ-elemene）、germacron、alismol、β-elemene和α-bisabolol为主，占总挥发油的含量分别为36.2%、12.4%、4.1%、3.8%、3.1%和1.9%。另外δ-elemene、β-elemene、spathulenol、γ-cadinol和γ-eudesmol是泽泻的主要芳香挥发油活性成分，并且泽泻挥发油成分多采用气相-质谱联用仪（GC-MS）检识鉴定。

6. 脂肪酸类

泽泻也具有脂肪酸类成分，包括棕榈酸、硬脂酸、十七烷酸、二十烷酸、

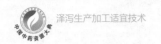

正二十二醇、正二十三烷、甘油棕榈酸酯等。

7. 氨基酸类

泽泻经过氨基酸分析测定，其含有17种以上的氨基酸，经含量比较泽泻中谷氨酸、天门冬氨酸、精氨酸含量最高，且排列次序不随产地不同而变化，而游离氨基酸则是精氨酸含量最高，泽泻中高含量的精氨酸可能是发挥其药理效应的重要化学成分之一。

8. 微量元素

泽泻富含钾元素，同时也具有人体必需微量元素锌、铁、锰、铜、镍、铬等，经过原子吸收光谱或者电感耦合等离子体质谱（ICP-MS）分析检测，其中锰、铜、锌、铁含量较高，而镍和铬含量较低，其含量的高低顺序为锰＞铁＞锌＞铜＞镍＞铬。另外，微量元素含量间具有显著的相关性，研究表明川泽泻中锌与铜、镍，铜与镍，铁与锰呈极显著的正相关，铁与铬呈显著正相关，而锌与铁、锰，铜与锰，铁与镍，锰与镍呈负相关。这些人体必需微量元素也提示其与泽泻的药效可能具有直接或者辅助的功效，且不同产区间含量差异较大，可为不同产区川泽泻质量评价提供理论依据。

另外，泽泻中还含量大量的淀粉，少量的黄酮类、烟酰胺、胆碱、卵磷脂等其他化合物。

二、药理作用

药理研究表明，泽泻有抗肿瘤、抗过敏、抗炎、抗乙肝病毒活性、降血脂、利尿等作用。

1. 抗肿瘤作用

研究人员在从中草药中筛选抗肿瘤活性物质时发现泽泻中的23-乙酰泽泻醇B能够诱导多种肿瘤细胞的凋亡。分子机制研究表明泽泻诱导了Bax上调与核转移，激活了caspase-8、caspase-9和capspase-3，通过线粒体介导机制，诱导了肿瘤细胞的凋亡，该过程同时涉及外部凋亡途径和内部凋亡途径。另外，泽泻还可以逆转P-糖蛋白过表达癌细胞的多药耐药性，其主要成分23-乙酰泽泻醇B是一种P-糖蛋白的转运物质。

2. 抗过敏性反应

采用大鼠的Ⅲ型过敏反应模型进行筛选抗过敏剂，发现泽泻的23-乙酰泽泻醇B和泽泻醇A、泽泻醇A乙酸酯、泽泻醇B都能够抑制抗体的过敏反应。

3. 抗炎作用

泽泻提取物对脂多糖激活的巨噬细胞（LPS-activated macrophages）中一氧化氮（NO）炎症因子产生具有抑制作用。

4. 抗乙肝病毒活性

研究表明泽泻中三萜类成分在体外对乙肝病毒表面抗原（HBsAg）和对乙肝病毒e抗原（HBeAg）具有抑制活性，如23-乙酰泽泻醇B对应的IC_{50}值分别为14.3μM和19.9μM。

5. 降血脂作用

泽泻提取物具有显著的降血脂作用，并且泽泻三萜单体如泽泻醇A、24-乙酰泽泻醇A等具有良好的降血脂作用，泽泻能够降低高脂模型大鼠TG、TC、LDL-C，升高有益的HDL-C的浓度。

6. 利尿作用

泽泻利尿作用明显，但其利尿作用的强弱与采集季节、药用部位、炮制方法、给药途径及实验动物的种类有关。健康人口服泽泻煎剂可见到尿量、氯化钠及尿素的排出增加，给家兔口服煎剂则利尿效果极弱，给家兔腹腔注射泽泻浸膏则有利尿作用。冬季采集的正品泽泻利尿作用强，春季采集的稍差，春季采集的泽泻须反而有抗利尿作用。泽泻的炮制品，除盐泽泻外，其他炮制品都有一定的利尿作用。小鼠皮下注射24-乙酰泽泻醇A（100mg/kg）能明显增加尿液中K^+的分泌量，促进排尿量。

（1）在大白鼠的利尿实验中不同产季和不同药用部位的泽泻具有不同的效果。不同的炮制方法其利尿效果亦不同。

（2）泽泻含钾达147.5mg，其利尿作用与其含有大量钾盐有关。同时，泽泻还可降低血中滞留的尿素及胆甾醇。

（3）对脂质代谢的影响，其作用与胆碱、卵磷脂相当，有预防及治疗的效果，并能轻度降低家兔实验性动脉粥样硬化的血胆甾醇，缓和病变的发展。此外，泽泻还可降压及抑制结核杆菌的生长。

三、应用

泽泻来源于泽泻科泽泻的干燥块茎，为常用中药之一，具有利尿、渗湿、泄热之功用。常用于小便不利、水肿胀满、泄泻尿少、痰饮眩晕、头痛耳鸣、热淋涩痛等症。现代医学还用于治疗高血压、高血脂等症。

泽泻可以单方服用，也可组成复方。以泽泻入药的方剂在临床上应用广泛。据查阅：中国中医药数据库方剂类中，共收载有关泽泻方剂共有2586首，其中有著名的泽泻汤、六味地黄丸、五苓散、猪苓汤、龙胆泻肝汤、肾气丸等。从中医角度，泽泻在这类方剂中具有独特的作用。

1. 泽泻汤

由泽泻5两，白术2两组成。具有利水除饮，健脾制水之功。适用于饮停心下，头目眩晕，胸中痞满，心下有支饮，其人苦冒眩，坚大如盘，下则小便不利。饮水太过，肠胃不能传送。咳逆难睡，其形如肿。本方泽泻白术两药相

伍，一者重在祛湿，使已停之饮从小便而去；一者重在健脾，使水湿既化而不复聚。高学山称此为"泽泻利水而决之于沟渠，白术培土而防之于堤岸"，其意甚当。

2. 六味地黄丸

方中有熟地黄24g、山茱萸12g、山药12g、泽泻9g、茯苓9g、牡丹皮9g。有滋阴补肾的功效，适用于肝肾阴虚证，用于肾阴亏损之头晕耳鸣、腰膝酸软、骨蒸潮热、盗汗遗精。六味地黄丸重用熟地滋阴补肾，填精益髓，为君药。山茱萸补养肝肾，并能涩精，取肝肾同源之意；山药补益脾阴，亦能固肾，共为臣药。三药配合，肾肝脾三阴并补，是为"三补"，但熟地黄用量是山茱萸和山药之和，故仍以补肾为主。其中泽泻利湿而泄肾浊，并能减熟地黄之滋腻；茯苓淡渗脾湿，并助山药之健运，与泽泻共泻肾浊，助真阴得复其位；牡丹皮清泄虚热，并制山茱萸之温涩。三药称为"三泻"，均为佐药。

六味合用，三补三泻，其中补药用量重于泻药，是以补为主，肝脾肾三阴并补，以补肾阴为主。主要用于肾阴虚引起的腰膝酸软、头晕耳鸣、手脚心发热、遗精盗汗等症状，经过历代医家的验证，临床疗效显著，从而留传至今，被誉为"补阴方药之祖"。

3. 五苓散

方中由泽泻15g，猪苓（去皮）、白术、茯苓各9g，桂枝6g（去皮）组成。

具有利水渗湿，温阳化气之功效。适用于外有表证，内停水湿，头痛发热，烦渴欲饮或水入即吐，小便不利，苔白脉浮者；水湿内停，水肿身重，霍乱吐利，泄泻；水饮停积，脐下动悸，吐涎沫而头眩，或短气而咳者；瘟疫、瘴疟烦渴；下部湿热疮毒，小便赤少；通治诸湿腹满，水饮水肿，呕逆泄泻；水寒射肺，或喘或咳；中暑烦渴，身热头痛；膀胱积热，便秘而渴；霍乱吐泻，湿疟，身痛身重。方中重用泽泻为君药，以其甘淡，直达肾与膀胱，利水渗湿。臣以茯苓、猪苓之淡渗，增强利水渗湿之力。

4. 猪苓汤

方中有猪苓（去皮）、茯苓、泽泻、阿胶、滑石（碎）各10g。具有利水，养阴，清热，祛痰的功效。适用于水热互结证。方中以猪苓为君，取其归肾、膀胱经，专以淡渗利水。臣以泽泻、茯苓之甘淡，益猪苓利水渗湿之力，且泽泻性寒兼可泄热，茯苓尚可健脾益助运湿。佐以滑石之甘寒，利水、清热两彰其功；阿胶滋阴润燥，既益已伤之阴，又防诸药渗利重伤阴血。

五药合用，利水渗湿为主，清热养阴为辅，体现了利水而不伤阴，滋阴而不碍湿的配伍特点。

第7章

泽泻加工与开发

一、有效成分的提取

（一）泽泻三萜类提取

1. 泽泻三萜提取工艺研究

（1）回流提取法　泽泻粉碎，过40目筛，称取100g，按照料液比1：10加入90%乙醇，回流提取120分钟，过滤得滤液，重复提取2次，弃掉残渣，合并提取滤液，于真空减压浓缩，干燥得泽泻三萜三萜提取物。

（2）微波–回流提取法　泽泻粉碎，过40目筛，称取100g，按照料液比1：2加入50%乙醇，微波辐射提取180秒预处理后，再用85%乙醇常规回流提取2次，每次30分钟，弃掉残渣，合并提取滤液，于真空减压浓缩，干燥得泽泻三萜提取物。

（3）超声提取法　泽泻粉碎，过65目筛，称取100g，按照料液比1：10加入85%乙醇，超声提取（功率250W，频率50kHz）30分钟，提取2次，弃掉残渣，合并提取滤液，于真空减压浓缩，干燥得泽泻三萜提取物。

（4）超临界二氧化碳萃取法（SFE）　泽泻粉碎，过80目筛，称取50g，在超临界二氧化碳提取器中提取，萃取条件为萃取压力25Mpa，萃取温度40℃，分离压力3Mpa，分离温度35℃。夹带剂乙醇用量每克泽泻为1.5ml，提取时间30分钟，减压浓缩得泽泻三萜提取物。

2. 泽泻三萜分离纯化工艺研究

（1）大孔树脂纯化法 采用大孔树脂富集纯化泽泻三萜类成分，以23-乙酰泽泻醇B为对照品，采用紫外分光光度计测定泽泻提取物及不同树脂洗脱部位的三萜类成分含量。以AB-8型树脂对泽泻醇提物进行富集纯化：半径与柱高比为1∶10；药液浓缩比为1∶1；药液上样与洗脱速度为10毫升/分钟；药材与树脂的用量比为4.6∶1，洗脱溶媒为70%乙醇，洗脱液量为4倍柱体积。

（2）离心分配色谱法（CPC） 用离心分配色谱-串联蒸发光散射检测器，从泽泻总三萜提取物中分离和纯化泽泻醇B和23-乙酰泽泻醇B。两相溶剂系统组成正己烷-乙酸乙酯-甲醇-水（10∶2∶10∶7，v/v），流速5.0ml/min，流动相溶剂泽泻粗提物，可以一次逆流色谱制备直接得到泽泻醇B和23-乙酰泽泻醇B。

（3）超临界CO_2-分子蒸馏仪联用纯化泽泻三萜类 采用超临界二氧化碳萃取和分子蒸馏联用提取泽泻中的23-乙酰泽泻醇B，首先采用超临界CO_2萃取技术对泽泻中23-乙酰泽泻醇B化合物进行超临界提取，萃取压力25MPa，萃取温度50℃，萃取时间为2小时。然后用分子蒸馏对所得到的提取物进行分离，分子蒸馏压力0.3Pa，温度170℃，蒸馏时间45分钟。蒸馏残余重相中23-乙酰泽泻醇B等三萜为主要成分，超临界CO_2萃取和分子蒸馏联用技术可以高效无污染的提取中药泽泻中的三萜类有效成分。

（二）泽泻多糖的提取

泽泻多糖提取，100g泽泻粉末，过80～100目筛，采用水提–纤维素酶提取法，20倍量的水，pH值调节为4.5，加入纤维素酶，用量为药材0.4%，酶解温度为40℃，酶解时间为120分钟，过滤得滤液，浓缩冻干得泽泻多糖。

（三）泽泻挥发油的提取

取泽泻粗粉200g，装入超临界提取器的萃取罐中，夹带剂为95%乙醇，按质量体积比1∶1.5加入。萃取路线为：CO_2钢瓶→冷却系统→高压泵→萃取釜→解析釜Ⅰ→解析釜Ⅱ→精馏柱→CO_2储罐→循环。萃取温度55℃，萃取压力25MPa，加入夹带剂，至仪器达到设定条件时开始计时，循环萃取1.5小时。萃取结束后，从解析釜Ⅰ、解析釜Ⅱ中放出萃取物，得到黄色液体，将收集到的萃取物经旋转蒸发仪浓缩成浸膏，即获得泽泻挥发油。

二、市场动态与应用前景

泽泻味甘、淡，性寒，归肾、膀胱经，具清湿热、利小便、降血脂等功效，主治小便不利、水肿、痰饮、淋浊、泄泻及妇女白带等症，现代临床还用于治疗高血压病、糖尿病和高脂血症等。

泽泻除用于临床配方外，也是六味地黄丸、肾气丸、济生肾气丸、附子理中丸、滋阴降火丸、七味都气丸等几十种中成药的重要原料，市场用量大。泽泻含有磷脂和磷，具有补血作用，同时也具有营养头发的功能，使头发易于梳理。在美容化妆品中加入泽泻，对皮肤有保护作用。泽泻除块茎药用外，其叶和果实（种子）亦供药用。泽泻叶可治疗慢性气管炎，乳汁不通。泽泻果实药名泽泻实，可"主风痹，消渴，益肾气，强阴，补不足，除邪湿"。

泽泻是常用中药材，市场用量巨大，全国的年需量为3500～5000吨。同时，泽泻也是出口的大宗品种，每年出口量500～1000吨。由于泽泻的生产周期短，产区分布广，因此市场价格变化较大。2010年泽泻每千克价格25元上下。此外，泽泻花薹在福建闽北的建阳、建瓯、南平等地亦作珍稀蔬菜食用，市场上很畅销，每千克30～40元，每亩产花薹400～500kg，经济效益很好。曾经，福建泽泻的产区在20世纪60～70年代一度转移到闽南的同安、龙海等地。2000年后，该产区已经不复存在了。

2002年福建省科学技术委员会将地道药材建泽泻的规范化种植研究给予较大支持。在建瓯县吉阳镇建立了福建省首个GAP基地——建泽泻GAP基地，对促进福建泽泻生产的恢复与发展起到一定的推动作用。

2016年由国家中医药管理局主持，由福建中医药大学药学院和福建承天农林科技发展有限公司共同承担了泽泻中药饮片标准化建设项目。

在各级政府的关心下，在各职能部门的指导下，通过各科研部门、生产企业的通力协作，泽泻生产正焕发出勃勃生机。

参考文献

［1］国家药典委员会. 中国药典：一部［M］. 北京：中国医药科技出版社，2015：197.

［2］中国科学院《中国植物志》编辑委员会. 中国植物志［M］. 北京：科学出版社，2004：202.

［3］国家中医药管理局《中华本草》编委会. 中华本草：第四卷［M］. 上海：上海科学技术出版
社，1999：885.

［4］吴水生. 泽泻的药学与临床研究［M］. 北京：中国中医药出版社，2006.

［5］江西中医学院. 药用植物栽培学［M］. 上海：上海科学技术出版社，1980.

［6］王书林. 中药材GAP技术［M］. 北京：化学工业出版社，2004.

［7］张永清，杜弢. 中药栽培养殖学［M］. 北京：中国医药科技出版社，2015.

［8］Le-Le Zhang, Wen Xu, Yu-Lian Xu, et al. Therapeutic potential of Rhizoma Alismatis: a review
on ethnomedicinal application, phytochemistry, pharmacology, and toxicology［J］. Annals of the
New York Academy of Sciences, 2017, 7（29）：1-12.

［9］周本杰，莫轩辉. 泽泻降脂有效部位提取工艺的筛选研究［J］. 中国药房，2006，17（2）：
103-105.

［10］易醒，肖小年，黄丹菲，等. 微波预处理提取泽泻中三萜总组分的研究［J］. 食品科学，
2006，27（10）：384-387.

［11］邓迎娜，易醒，肖小年，等. 超声提取泽泻中三萜类总组分［J］. 食品工业科技，2007，28
（9）：145-147.

［12］易醒，肖小年，冯永明，等. 超临界二氧化碳萃取泽泻中三萜类总组分［J］. 时珍国医国
药，2006，17（7）：1129-1130.

［13］林文津，徐榕青，张亚敏，等. 超临界流体萃取-高速逆流色谱法分离纯化泽泻中23-乙酰泽
泻醇B［J］. 中草药，2014，45（20）：2928-2931.

［14］王建平，傅旭春，白海波. 泽泻降血尿酸乙醇提取物的提取工艺研究［J］. 中国中药杂志，
2010，35（14）：1809-1811.

［15］吴水生，郭改革，王玉芹. 大孔树脂法纯化泽泻总萜醇类成分的实验研究［J］. 福建中医学
院学报，2007，4（2）：43-45.

［16］张雪，谌赛男，陈莹，等. 响应面法优化纤维素酶提取泽泻多糖的工艺研究［J］. 中药材，
2016，39（7）：1615-1618.

［17］Z Y Zhao, Q Zhang, Y F Li, et al. Optimization of ultrasound extraction of Alisma orientalis

polysaccharides by response surface methodology and their antioxidant activities［J］. Carbohydr

Polym, 2015, 119: 101-109.

［18］陈瑞云. 特色中药材栽培技术［M］. 福州：福建科技出版社，2011.